5G无线网
大规模规划部署实践

黄云飞　闵锐　佘莎　黄陈横　梁力维　刘彪　黄嘉铭◎编著

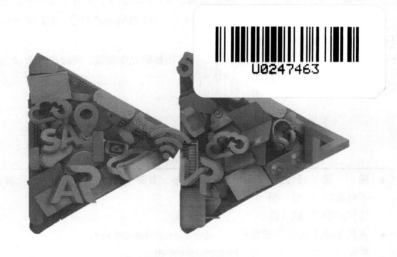

人民邮电出版社

北　京

图书在版编目（CIP）数据

5G无线网大规模规划部署实践 / 黄云飞等编著. --
北京：人民邮电出版社，2021.3（2021.11重印）
ISBN 978-7-115-55431-4

Ⅰ．①5… Ⅱ．①黄… Ⅲ．①无线网—研究 Ⅳ．
①TN92

中国版本图书馆CIP数据核字(2020)第235582号

内 容 提 要

　　本书主要介绍了 5G 无线网的规划部署方法及具体案例。首先介绍了 5G 技术概述以及无线网目标架构，并在此基础上重点解读了 5G 网络规划、高精度仿真、5G 基站设置、关键参数设置、网络优化等核心环节的流程与方法，并对 5G 网络天线美化、5G 网络室内覆盖、5G 网络共建共享、5G 网络节能、5G 网络与 AI 的结合等前沿内容进行了介绍。

　　本书适合从事无线通信的技术人员、相关院校的教师和研究生阅读，同时也适合作为工程技术及科研教学的参考书。

◆ 编　　著　黄云飞　闵　锐　佘　莎　黄陈横　梁力维　刘　彪　黄嘉铭
　　责任编辑　赵　娟
　　责任印制　陈　犇

◆ 人民邮电出版社出版发行　　北京市丰台区成寿寺路 11 号
　　邮编　100164　　电子邮件　315@ptpress.com.cn
　　网址　https://www.ptpress.com.cn
　　涿州市京南印刷厂印刷

◆ 开本：800×1000　1/16
　　印张：14.75　　　　　　　　　　2021 年 3 月第 1 版
　　字数：314 千字　　　　　　　　2021 年 11 月河北第 2 次印刷

定价：118.00 元（附小册子）

读者服务热线：(010)81055493　印装质量热线：(010)81055316
反盗版热线：(010)81055315
广告经营许可证：京东市监广登字 20170147 号

序
PREFACE

2019 年 10 月 31 日，5G 迎来正式商用；2020 年 3 月，党中央、国务院要求加快 5G 网络、数据中心等新型基础设施建设的进度，5G 已经成为支撑经济社会数字化、网络化、智能化转型的关键新型基础设施，在稳投资、促消费、助升级、培植经济发展新动能等方面潜力巨大，将深刻影响和改变人们的生活方式和社会的生产方式。

5G 的网络部署正在进一步提速，5G 作为全新的网络，网络规划、建设、优化均与 2G/3G/4G 网络存在很大的差异，整个行业亟须 5G 规划部署的全流程指引，包括高低频立体协同组网、室内低成本覆盖、多厂商协同组网、4G/5G 协同、AI 智能运营等，以及如何通过边缘计算、切片等快速地为各行各业提供定制业务。

中国电信于 2018 年发布了电信运营商首份"5G 技术白皮书"，并于 2019 年发布了"人工智能发展白皮书"，明确部署敏捷、开放、高效和安全的 5G 网络，坚持以 SA 为目标部署网络，持续开展核心技术的自主研发和创新工作，并于 2019 年 10 月 31 日率先在深圳市开通了 SA 商用网络。

我们持续跟踪 5G 技术的发展，经过 2019 年的 5G 网络大规模部署实践，积累了大量的 5G 无线网规划、建设和优化经验。

第一，我们紧跟全球 5G 网络部署脚步，对 5G 频谱分配情况、5G 标准进展、5G 关键技术、5G 终端进展、5G 无线网目标架构给出了全面且深入浅出的分析。

第二，我们在 5G 技术的基础上，总结研究出分别面向个人用户和面向企业用户的网络规划方法，从基于传统电信业务的网络建设模型转变为基于业务服务体验的规划。尤其是面对企业用户，从端—管—云—用等端到端给出了整体规划的解决方案。

第三，在 5G 实际建设的过程中，我们详细总结了 5G 室内覆盖方案、基站配套部署方案（例如，BBU 集中配置原则、天面设置原则、5G 美化天线运用、基站电源等）、5G 关键参数设置和网络优化方法。

第四，我们详细地探讨了 5G 共建共享、5G 节能、基于 AI 的 5G 无线网等热点话题，希望为业界提供参考。

最后，我们对 5G 的特色行业应用，尤其对已经参与实践的 5G＋智能制造、5G＋智慧交通和 5G＋智慧医疗案例，从 5G 的应用价值、应用场景、面临挑战等方面进行了深入的探讨和分析。

希望本书不仅能够服务于 5G 网络规划、建设、优化的人员，还能够加强中国在前沿科技的探索。后续，中国电信将依托天翼云和 5G 网络的优势，联合产业链的合作伙伴，全面提升云网边融合、网络切片、网络安全等核心能力，拓展 5G 终端形态，打造能力开放平台，端 — 管 — 云 — 用协同助力千行百业开展数字化转型。

作者
2020 年 10 月

目录
CONTENTS

第3章　5G网络规划流程与方法

第4章　5G网络高精度仿真流程与方法

第5章　5G基站及配套设置流程与方法

第6章　5G网络关键参数设置流程与方法

第7章　5G无线网络优化流程与方法

第10章　5G网络共建共享探索与实践

第11章　5G网络节能探索与实践

第12章　基于人工智能的5G无线网探索与实践

第13章　5G特色行业应用探索与实践

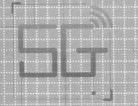

第 1 章

5G 技术概述

1.1 移动通信发展历程

　　移动通信技术的革新，一直以来都是信息产业发展的排头兵。下面我们先回顾一下移动通信技术的发展，基本可以用 3 个 "10" 来说明：从 20 世纪 80 年代 "大哥大" 为代表的 1G 开始，基本每 10 年一代，速率增长 10 倍，每比特成本降低 10 倍。网络能力的提升，让我们从语音到短信文本，再到图片、音乐以及视频传输，再到 5G 实现万物互联。每个时代，移动通信都具有不同的特点。移动通信发展历程如图 1-1 所示。

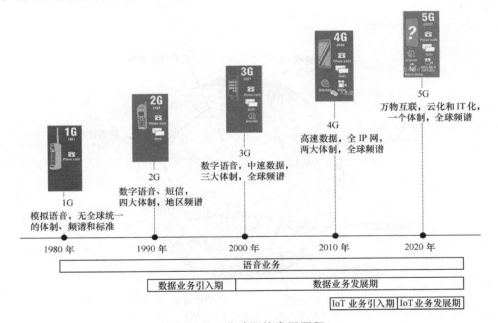

图1-1　移动通信发展历程

1.2 5G 三大业务领域及网络关键性能指标

　　2015 年 9 月，国际电信联盟（International Telecommunication Union，ITU）

发布了 ITU-R M.2083《IMT 愿景：5G 架构和总体目标》，定义了增强移动宽带（enhanced Mobile Broad Band，eMBB）、高可靠和低时延通信（ultra-Reliable and Low Latency Communication，uRLLC）、大规模机器类型通信（massive Machine Type Communications，mMTC）三大业务场景。

eMBB 场景主要面向室内外热点区域，为用户提供极高的数据传输速率，满足网络极高的流量密度需求。其主要的技术挑战包括 1Gbit/s 用户体验速率、数十 Gbit/s 峰值速率和数十 Tbit/s/km² 的流量密度。

uRLLC 场景主要面向车联网、工业控制等物联网及垂直行业的特殊应用需求，为用户提供毫秒级的端到端时延和接近 100% 的业务可靠性保证。

mMTC 主要面向环境监测、智能农业等以传感和数据采集为目标的应用场景，具有小数据包、低功耗、低成本、海量连接的特点，要求支持 100 万/km² 连接密度。

《IMT 愿景：5G 架构和总体目标》也定义了 5G 网络的八大关键性能指标。5G 网络的八大关键性能指标如图 1-2 所示，5G 与 4G 关键性能指标对比见表 1-1。

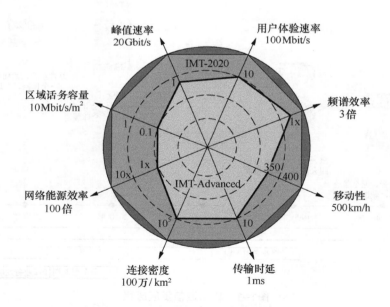

图1-2　5G网络的八大关键性能指标

基于这八大关键性能指标，在 2017 年 2 月发布的《IMT-2020 技术性能指针》中又定义了 13 项技术性能指标，包括每项指标的详细定义、适用场景、最小指标值等。

表1-1 5G与4G关键性能指标对比

序号	指标名称	指标定义	4G目标	5G目标
1	峰值速率 （Peak Data Rate）	理想条件下单个用户/设备所能获得的最大速率	1Gbit/s	20Gbit/s
2	用户体验速率 （User Experienced Data Rate）	移动用户/终端在覆盖区域内任何地方都能获得的速率	10Mbit/s	100Mbit/s
3	传输时延 （Transmission Delay）	从源端发送数据包到目的端的过程中无线网络所消耗的时间	10ms	1ms
4	移动性 （Mobility）	不同层/无线接入技术（Multi-layer/Multi-RAT）中的无线节点间满足特定QoS且无缝传送时的最大速率	350km/h	500km/h
5	连接密度 （Connection Density）	单位面积上（每km²）连接或/和接入的设备的总数	10^5 devices/km²	10^6 devices/km²
6	网络能源效率 （Network Energy Efficiency）	每焦耳能量所能从用户侧收/发的比特数（单位：bit/J）	5G要求100倍于4G	
7	频谱效率 （Spectrum Efficiency）	每小区或单位面积内，单位频谱资源所能提供的平均吞吐量（单位：bit/s/Hz）	5G要求3倍于4G	
8	区域话务容量 （Area Traffic Capacity）	每地理区域内总的吞吐量	0.1Mbit/s/m²	10Mbit/s/m²

5G网络的八大关键指标，例如，峰值速率可达到20Gbit/s，传输时延达到1ms等，将对社会的各个行业带来极大的助力。但我们也注意到，5G网络的八大关键指标并不是同时能被满足的，而是可以根据用户的需求选择的。

1.3 5G频谱

1.3.1 3GPP定义

第三代合作伙伴计划（3rd Generation Partnership Project，3GPP）R15 38.104指定的5G频率包含FR1和FR2两个大频段。3GPP定义的5G FR1和FR2频率见表1-2，3GPP定义的5G FR1 NR频段号见表1-3和3GPP定义的5G FR2 NR频段号见表1-4。

表1-2 3GPP定义的5G FR1和FR2频率

频率名称	对应频率范围
FR1	410MHz ～ 7125MHz
FR2	24250MHz ～ 52600MHz

表1-3　3GPP定义的5G FR1 NR频段号

NR 频段号	上行频率范围	下行频率范围	双工模式
n1	1920MHz ～ 1980MHz	2110MHz ～ 2170MHz	FDD
n2	1850MHz ～ 1910MHz	1930MHz ～ 1990MHz	FDD
n3	1710MHz ～ 1785MHz	1805MHz ～ 1880MHz	FDD
n5	824MHz ～ 849MHz	869MHz ～ 894MHz	FDD
n7	2500MHz ～ 2570MHz	2620MHz ～ 2690MHz	FDD
n8	880MHz ～ 915MHz	925MHz ～ 960MHz	FDD
n12	699MHz ～ 716MHz	729MHz ～ 746MHz	FDD
n20	832MHz ～ 862MHz	791MHz ～ 821MHz	FDD
n25	1850MHz ～ 1915MHz	1930MHz ～ 1995MHz	FDD
n28	703MHz ～ 748MHz	758MHz ～ 803MHz	FDD
n34	2010MHz ～ 2025MHz	2010MHz ～ 2025MHz	TDD
n38	2570MHz ～ 2620MHz	2570MHz ～ 2620MHz	TDD
n39	1880MHz ～ 1920MHz	1880MHz ～ 1920MHz	TDD
n40	2300MHz ～ 2400MHz	2300MHz ～ 2400MHz	TDD
n41	2496MHz ～ 2690MHz	2496MHz ～ 2690MHz	TDD
n50	1432MHz ～ 1517MHz	1432MHz ～ 1517MHz	TDD
n51	1427MHz ～ 1432MHz	1427MHz ～ 1432MHz	TDD
n65	1920MHz ～ 2010MHz	2110MHz ～ 2200MHz	FDD
n66	1710MHz ～ 1780MHz	2110MHz ～ 2200MHz	FDD
n70	1695MHz ～ 1710MHz	1995MHz ～ 2020MHz	FDD
n71	663MHz ～ 698MHz	617MHz ～ 652MHz	FDD
n74	1427MHz ～ 1470MHz	1475MHz ～ 1518MHz	FDD
n75	N/A	1432MHz ～ 1517MHz	SDL
n76	N/A	1427MHz ～ 1432MHz	SDL
n77	3300MHz ～ 4200MHz	3300MHz ～ 4200MHz	TDD
n78	3300MHz ～ 3800MHz	3300MHz ～ 3800MHz	TDD
n79	4400MHz ～ 5000MHz	4400MHz ～ 5000MHz	TDD
n80	1710MHz ～ 1785MHz	N/A	SUL
n81	880MHz ～ 915MHz	N/A	SUL
n82	832MHz ～ 862MHz	N/A	SUL
n83	703MHz ～ 748MHz	N/A	SUL
n84	1920MHz ～ 1980MHz	N/A	SUL
n86	1710MHz ～ 1780MHz	N/A	SUL

注：频分双工（Frequency Division Duplexing，FDD），时分双工（Time Division Duplexing，TDD），补充下行链路（Supplementary Downlink，SDL），补充上行链路（Supplementary Uplink，SUL）。

表1-4 3GPP定义的5G FR2 NR频段号

NR 频段号	上行和下行频率范围	双工模式
n257	26500MHz ～ 29500MHz	TDD
n258	24250MHz ～ 27500MHz	TDD
n260	37000MHz ～ 40000MHz	TDD
n261	27500MHz ～ 28350MHz	TDD

1.3.2 全球 5G 频谱情况

全球主要区域与国家的 5G 频谱分配态势，大致以 6GHz 为界线进行区分，中国和欧洲各国主要偏好 6GHz 以下频段，而美国、日本、韩国则关注毫米波频段。

欧洲方面以 3.4GHz ～ 3.8GHz 为 5G 第一优先频段；另外，700MHz 频段主要针对全国范围与室内的 5G 覆盖；26GHz 确定为早期欧洲 5G 试点的毫米波频段。同时，欧盟无线电频谱政策小组也建议未来考虑运用更高的频率。

美国面向 5G 开启大量毫米波频谱的研究，开放高频段频谱灵活用于移动和固定无线宽带服务。同时，在低频 600MHz 也开展 5G 商用部署。

韩国将分 3 个阶段分配 5G 频谱资源：第一阶段主要考虑 3.4GHz ～ 3.7GHz 及毫米波频段 27.5GHz ～ 28.5GHz；第二阶段主要考虑 26.5GHz ～ 27.5GHz 和 28.5GHz ～ 29.5GHz 或其他建议频段；第三阶段为剩余频段。

1.3.3 中国的 5G 频谱划分

2018 年 12 月，工业和信息化部明确了中国三大电信运营商 5G 试验频率主要为 3GPP 定义的 5G FR1 频段，即 2.6G、3.5G 和 4.9G。中国 5G NR 试验频率见表 1-5。

表1-5 中国5G NR试验频率

运营商	网络	3GPP 频段号	上 / 下行频率范围	带宽（MHz）	双工方式
中国移动	5G NR	n41	2515MHz ～ 2675[1]MHz	160	TDD
	5G NR	n79	4800MHz ～ 4900MHz	100	TDD
	合计			260	
中国电信	5G NR	n77 或 n78	3400MHz ～ 3500MHz	100	TDD
中国联通	5G NR	n77 或 n78	3500MHz ～ 3600MHz	100	TDD
总计				460	

注 1：内含 4G 频段 2555MHz ～ 2655MHz 的 100MHz 重耕，其中，需要中国联通退出 2555MHz ～ 2575MHz 的 20MHz 带宽、中国电信退出 2635MHz ～ 2655MHz 的 20MHz 带宽，其余 60MHz 带宽已为中国移动持有。

在已经分配的 5G 频率中，中国移动 2.6GHz 频段的覆盖能力最好，低频且支持现有的室分系统，但从国际国内整体来看，其产业链成熟度较低。中国电信、中国联通分配的 3.5GHz 频段的覆盖能力较差，频率不支持现有的室分系统，但 3.5GHz 频段是国际主流频段，其产业链成熟度较高。中国移动 4.9GHz 频段的覆盖能力最差，不支持现有的室分系统，且产业链成熟度较低。

中国移动初期主要使用 2.6GHz 频段，在个别试点区域使用 4.9GHz 频段。由于 3.5GHz 频段的覆盖能力有限，中国电信和中国联通也已经明确将 3.5GHz 频段作为 5G 的容量层，而把原有的 2.1GHz/1.8GHz 频段作为 5G 的覆盖层。

1.4 5G 产业动态

1.4.1 全球 5G 部署情况

全球 5G 部署进入快车道，截至 2020 年 2 月底，全球有 63 个电信运营商在 35 个国家部署了 5G 商用网络，其中 55 个移动服务网络，34 个固定天线接入（Fixed Wireless Access，FWA）网络。

在网络建设规模方面，2019 年，中国在重点城市已经建成 13 万个 5G 基站，并且在 2020 年第三季度，中国将率先实现独立组网（Standalone，SA）规模商用；在用户规模方面，全球移动通信系统协会（Global System for Mobile Communications Association，GSMA）曾预测，2025 年，中国 5G 将达到 47% 的连接占比。因此，可以看到，中国的 5G 已经实现全球领先。

1.4.2 5G 标准进展

5G 技术标准主要由 3GPP 根据 ITU 的需求制订。目前，3GPP 5G 标准主要是 R15 和 R16，R17 标准化工作已于 2020 年第二季度正式启动。5G 标准进展如图 1-3 所示。

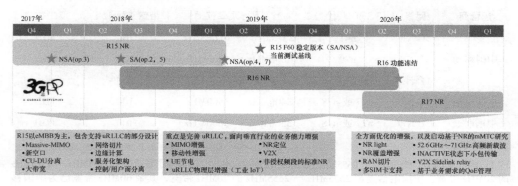

图1-3　5G标准进展

R15 作为新空口（New Radio，NR）引入阶段的标准，以 eMBB 为主要服务目标，包含支持 uRLLC 的部分设计，是 5G NR 的第一个可用版本。按组网架构不同分 3 个阶段完成，即支持 5G 非独立组网（Non-Standalone，NSA）模式、支持 5G SA 模式、系统架构选项 Option 4 与 Option 7 及 5G NR 新空口双连接。支持 SA 组网的 F20 版本在 2018 年 6 月冻结，但是直到 2019 年 6 月 F60 版本才趋于稳定。

R16 版本主要关注垂直行业应用及整体系统的提升，包含 eMBB 和 uRLLC 的完善。

R17 版本现已启动工作，预计 2021 年上半年完成，在 R15 和 R16 的基础上全面优化和增强，并启动了定位与 NB-IoT/eMTC 互补的中高端 mMTC 的研究。

1.4.3　5G 终端进展

在终端支持情况方面，终端主要支持 sub-6G 频段，其中 3.5GHz、2.6GHz 和 4.9GHz 频段的产业链成熟度最高。在 FDD 频率方面，1.8GHz 频段和 2.1GHz 频段进展较快。目前主流的商用手机终端以中高档机型为主。

厂商正在加速推出系统级芯片（System on Chip，SoC），全面降低 5G 终端的功耗和价格。厂商 1 在 2019 年正式发布了全球首款 SoC 麒麟 990 后，目前厂商 2、厂商 3 和厂商 4 也相继推出了支持 5G 的 SoC，并且芯片均支持 SA/NSA 双模，为 5G 终端的商用提供了基础，也推动了 SA 网络的规模部署。主流芯片厂商推出的 5G 模组芯片情况见表 1-6。

表1-6　主流芯片厂商推出的5G模组芯片情况

厂商	产品型号	发布时间	工艺	频段	制式	多模	组网方式	应用方向
厂商 1	麒麟 990	2019 年 9 月	7nm	支持 NR TDD FDD 全频谱	2G/3G/4G/5G	多模	NSA/SA 5G NSA & SA SoC	手机
厂商 2	骁龙 X55	2019 年 12 月	7nm	支持全球所有主要频段，支持 TDD/FDD	2G/3G/4G/5G	多模	NSA/SA	手机、PC、汽车、物联网
厂商 3	Exynos980	2019 年 10 月	8nm	支持多频段，如 N77/78/79/41	2G/3G/4G/5G	多模	NSA/SA	手机
厂商 4	Helio M70	2019 年 12 月	7nm	支持多频段 如 N77/78/79/41	2G/3G/4G/5G	多模	NSA/SA	移动终端、汽车、AIoT
	MT6889	2019 年 11 月	7nm	支持多频段 如 N77/78/79/41	2G/3G/4G/5G 双 5G	多模	NSA/SA	手机

2019 年第四季度，各大模组厂商开始技术对接。从 2019 年年底开始，各模组厂商逐步推出 5G 商用模组，2020 年将会有更多的模组，并渗入不同的行业领域。

1.5 5G 无线关键技术

1.5.1 新型多址接入技术

5G 除支持传统的正交频分多址（Orthogonal Frequency Division Multiple Access，OFDMA）技术外，还提出了基于非正交多址的接入方式，主要有稀疏码多址接入（Sparse Code Multiple Access，SCMA）、多用户共享接入（Multi-User Shared Access，MUSA）、图样分割多址接入（Patter Division Multiple Access，PDMA）等。新型多址技术通过多用户信息在相同资源上叠加传输，在接收侧利用先进的接收算法分离多用户信息，不仅可以提升用户的连接数，还可以有效提高系统的频谱效率。此外，接入免调度竞争可大幅度降低时延。

SCMA 是一种基于码域叠加的新型多址技术，它将低密度码和调制技术相结合，通过共轭、置换以及相位旋转等方式选择最优的码本集合，不同的用户基于分配的码本进行信息传输。在接收端，SCMA 通过消息传递算法（Message Passing Algorithm，MPA）进行解码。由于采用非正交稀疏编码叠加技术，在相同资源的条件下，SCMA 可以支持连接更多的用户。同时，利用多维调制和扩频技术，单用户链路质量将大幅度提升。此外，SCMA 还可以利用盲检测技术以及 SCMA 对码字碰撞不敏感的特性，实现免调度随机竞争接入，有效降低实现复杂度和时延，以适合小数据包、低功耗、低成本的物联网业务应用。

MUSA 是一种基于复数域多元码的非正交多址接入方案，主要应用于上行链路。将不同用户的已调符号经过特定的扩展序列扩展后在相同的资源上发送，接收端使用基于串行干扰抵消（Successive Interference Cancellation，SIC）的先进多用户盲检测算法，充分利用接收信号自身的结构，从混叠的多用户信号中逐个解码分离出不同的用户数据。由于 MUSA 复数域多元码的优异特性，再结合先进的 SIC 接收机，MUSA 可以支持相当多的用户在相同的时频资源上共享接入。MUSA 可以高效地工作在"免调度"的上行接入模式中，并能进一步简化上行接入的其他流程，适合低成本、低功耗地实现海量连接。

PDMA 以多用户信息理论为基础，在发送端利用图样分割技术对用户信号进行合理分割，在接收端进行相应的串行干扰删除，可以逼近多址接入信道的容量界。用户图样的设计可以在空域、码域、功率域独立进行，也可以在多个信号域联合进行。图样分割技术通过在发送端利用用户特征图样进行相应的优化，加大不同用户间的区分度，从而改善接收端检测性能。

对于 SCMA、MUSA、PDMA，通过仿真得出其在瑞利衰落信道条件下的误码率。在相同信噪比的条件下，SCMA 的误码率最小，性能最优；MUSA 与 PDMA 性能相近。

1.5.2　新型多载波技术

4G 采用的多载波技术是正交频分复用（Orthogonal Frequency Division Multiplexing，OFDM）技术，在 5G 时代，OFDM 仍然是主要的基本波形。但是，由于 5G 要求的业务类型更加多样化、频谱效率更高、连接数更多，OFDM 面临挑战，新型多载波技术可以作为有效的补充，满足 5G 的总体要求。

业界提出了多种新型多载波技术，包括滤波正交频分复用（Filtered-Orthogonal Frequency Division Multiplexing，F-OFDM）技术、通用滤波多载波技术和滤多器组多载波（Filter Bank Multi-Carrier，FBMC）技术等。它们的共同特征是都使用了滤波机制，通过滤波减少子带或子载波的频谱泄露，从而放松对时频同步的要求，规避 OFDM 的主要缺点。

1.5.3　双工方式

1.5.3.1　全双工

在相同的频谱上，全双工技术是通信的收发双方同时发射和接收信号，与传统的 TDD 和 FDD 双工方式相比，从理论上可使空口频谱效率提高 1 倍。

全双工技术最大限度地提升了网络和设备收发设计的自由度，可消除 TDD 和 FDD 之间的差异，让频谱资源使用更加灵活，适合频谱紧缺和碎片化的多种通信场景，但全双工技术需要具备极高的干扰消除能力，对干扰消除技术提出挑战，同时还存在相邻小区同频干扰问题，在多天线及组网场景下，应用难度更大。

1.5.3.2　灵活双工

灵活双工技术可以根据上 / 下行业务的变化情况，动态分配上 / 下行资源，有效提高系统资源的利用率。通过时域和频域方案来实现，其特例是上 / 下行被配置为同时同频，即全双工通信。

在 FDD 时域方案中，每个小区可以根据业务量的需求将上行频带配置成不同的上 / 下行时隙配比；在频域方案中，每个小区可以将上行频带配置为灵活频带以适应上 / 下行非对称的业务需求。在 TDD 系统中，每个小区可以根据业务量的需求决定用于上 / 下行传输的时隙数目。

灵活双工技术实现的关键在于干扰协调和资源分配的问题，这有待研究并做出进一步突破。

1.5.4　调制编码技术

5G NR 上 / 下行均支持正交相移键控（Quadrature Phase Shift Keying，QPSK）、16 正交振幅调制（Quadrature Amplitude Modulation，QAM）、64QAM、256QAM 的调制方式。当上行采用离散傅里叶变换扩展正交频分复用（Discrete Fourier Transform-Spread OFDM，DFT-S-OFDM）时，NR 还支持 π/2-BIT/SK，

以提高小区边缘的覆盖（仅在 transforming precoding 启用时可以采用），每个调制符号对应 1bit。

与 4G 移动通信技术数据信道用 Turbo 码、控制信道用咬尾卷积码（Tail biting Convolutional Code，TBCC）等编码方式相比，5G NR 采用了全新的信道编码方式。3GPP 标准确定了 5G NR 控制消息和广播信道采用 Polar 码，数据信道采用低密度奇偶校验码（Low Density Parity Check Code，LDPC）的方案。Polar 码是一种线性分组码，其基本思想是利用信道的两极分化现象，把承载较多信息的比特放在"理想信道"中传输，而把已知比特放在"非理想信道"中。

1.5.5 大规模天线

多输入多输出（Multiple-Input Multiple-Output，MIMO）技术已经在 4G 中广泛应用。面对 5G 在传输速率和容量等方面的性能调整，天线数目的进一步增加将是 MIMO 技术继续演进的重要方向。5G 引入大规模天线（Massive MIMO）技术，旨在增强上行和下行的覆盖，提升系统的容量。Massive MIMO，又称 large-scale MIMO，即在基站端安装几百根天线（128 根、256 根或者更多），从而实现几百根天线同时发送数据。Massive MIMO 覆盖示意如图 1-4 所示，Massive MIMO 的作用见表 1-7。

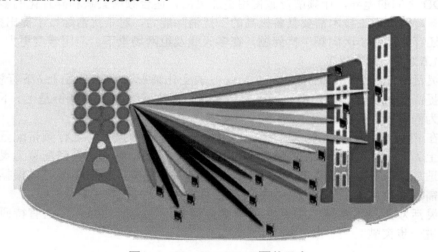

图1-4 Massive MIMO覆盖示意

表1-7 Massive MIMO的作用

Massive MIMO 的作用	具体描述
降低邻区干扰	• 通过多端口空时编码技术，形成多个波束赋形，引入空间维度，实现空间复用，降低邻区的干扰 • 波束赋形波瓣更窄、能量更集中，有效减少对邻区的干扰

（续表）

Massive MIMO 的作用	具体描述
扩大无线基站的覆盖范围	• 没有采用波束赋形时，只能采用天线主瓣覆盖相对固定的区域，而大规模天线可以在水平和垂直方向上选择合适波束追踪用户，有效扩大无线基站的覆盖范围，有望解决无线基站"塔下黑"、高层信号弱、高层信号污染等问题
提升系统的容量	• 大规模天线可以实现多个不同的波束同时为不同的用户服务，提升系统的容量

　　大规模天线技术的潜在应用场景主要包括宏覆盖、高层建筑、异构网络、室内外热点以及无线回传链路等。其性能增益主要是通过大量天线阵元形成的多用户信道间的准正交特性保证的，但是在实际的信道中，由于设备与传输环境不理想，为了获得稳定的多用户传输增益，需要通过设计下行发送和上行接收的算法来抑制用户间及小区间的干扰。

1.5.6　超密集组网

　　超密集组网是指在宏基站的覆盖区域内加密部署小功率的微基站，以精细控制覆盖的距离大幅增加站点的数量。部署更加密集的无线网络基础设施可获得更高的频率复用效率，从而实现系统容量的提升。超密集组网的优势见表 1-8，超密集组网的劣势见表 1-9。

表1-8　超密集组网的优势

序号	超密集组网的优势	具体描述
1	实现无缝网络覆盖	• 与传统组网方式相比，增加了超密集组网的网络节点，现网无法覆盖的边角区域也能有较好的信号，可以扩展网络的覆盖面积
2	提升系统容量、频谱效率和能源利用率	• 由于小区数量增多，单小区的覆盖面积相对减小，频率可以进行多次复用，从而提高频率的复用效率
3	适应性强、灵活度高	• 微基站相对于宏基站，可调控性高、更加灵活，接入方式更多样化

表1-9　超密集组网的劣势

序号	超密集组网的劣势	具体描述
1	频繁切换问题	• 基站较小的覆盖范围会导致具有较高移动速度的终端用户在短时间内历经多个基站，遭受频繁切换，影响用户体验
2	干扰问题	• 小区超密集部署，覆盖范围重叠，带来严重的干扰问题，需要通过小区干扰协调等技术解决

5G 无线网目标架构

2.1 NSA 和 SA 模式

2.1.1 NSA 模式

新增 5G 基站时，将 5G 基站连接到 4G 核心网，4G 核心网升级为演进的分组核心网（Evolved Packet Core，EPC），需要增加 NR 到 EPC+ 的 S1-U 接口；4G 基站硬件需要支持 NSA 模式；保持 5G 基站和 4G 基站之间的 X2 互联。NSA 模式的架构如图 2-1 所示。

在 NSA 模式下，5G 基站需锚定 4G 网络开通。

5G 和 4G 独立基带处理单元（Base Band Unit，BBU）：需要新增 5G BBU，优选 4G 和 5G 之间通过传输 IP RAN X2 互联。

5G 和 4G 共 BBU：需要新增 5G BBU，同时将 4G 的基带板和主控板拆掉插入新的 5G BBU。4G 和 5G 之间的 X2 互联通过背板交互实现。

NSA 模式的要求见表 2-1。

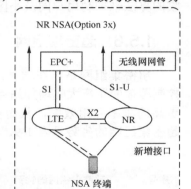

图2-1 NSA模式的架构

表2-1 NSA模式的要求

	要求
5G 硬件	支持 NSA 模式
5G 软件	支持 NSA 模式
4G 硬件	主控板、基带板需要支持 NSA 模式，否则需要更换
4G 软件	锚点站点需要升级版本支持 NSA 模式
网管	支持 NSA 模式

2.1.2 NSA 与 SA 双模方案

在 NSA 与 SA 共存模式下，5G 基站开通 NSA/SA 双模工作模式，同时接入

EPC+ 和 5G 核心网（5G Core Network，5GC）。
NSA 终端保持与 LTE 和 NR 基站双连接，
SA 终端只与 NR 基站连接。4G 基站需要升
级支持 NSA+SA 双模工作模式。NSA 与 SA
共存无线网的方案如图 2-2 所示。

　　NSA 与 SA 共存无线网的方案见表 2-2。

　　SA 用户设备（User Equipment，UE）侧
的控制面和用户面都走 5GC，NSA UE 侧的
控制面走 EPC，用户面在 NR 分组数据汇
聚协议（Packet Data Convergence Protocol，
PDCP）层分流。NSA 与 SA 共存无线网模
式的信令和数据流如图 2-3 所示。

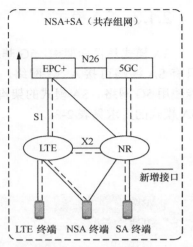

图2-2　NSA与SA共存无线网的方案

表2-2　NSA与SA共存无线网的方案

共存组网	改造	独立 BBU	共 BBU
基站	5G 基站	增加 NR 到 5GC 的 NG 接口，配置修改为 NSA+SA 共存组网	
	4G 基站	配置支持 4G/5G 互操作参数	
网管	升级	支持 NSA+SA 模式	
版本	基站升级	支持 NSA+SA 模式	

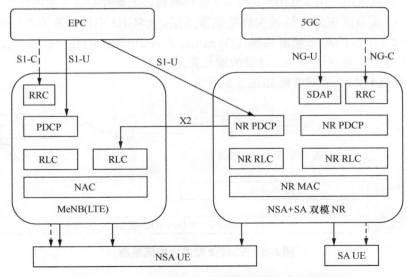

图2-3　NSA与SA共存无线网模式的信令和数据流

2.1.3 SA 模式

SA 模式是目标架构，5G 基站只接入 5GC，只有 SA 终端可接入 5G 网络，NSA 终端已不能使用 5G 网络。SA 模式的架构如图 2-4 所示，SA 模式的要求见表 2-3。

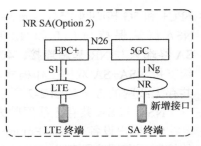

图2-4 SA模式的架构

表2-3 SA模式的要求

SA	要求
基站	新建 gNB，配置修改为 SA 模式
网管	新建，SA 模式
版本	SA 模式

2.2 高低频混合组网

高低频混合组网将是未来 5G 网络的一种重要组网方式，通过 3.5GHz 中频打造 5G 容量层，通过低频打造 5G 基础覆盖层。充分发挥 3.5GHz 的容量优势和低频覆盖的优势，高低频协同打造差异化网络。

（1）价值区域采用 3.5GHz 中频实现连续覆盖，低频针对强化室内浅层覆盖。

（2）广覆盖区域采用低频实现基础覆盖层，3.5GHz 中频按需动态扩容。

（3）2.1GHz 的动态频谱共享（Dynamic Spectrum Sharing，DSS）技术平衡 4G/5G 的容量，托底现网 4G 容量的增长需求。

5G 高低频混合组网策略如图 2-5 所示。

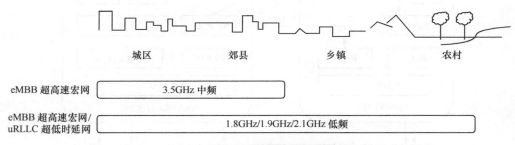

图2-5 5G高低频混合组网策略

5G 频率标准进展见表 2-4。

表2–4 5G频率标准进展

频率	载波	带宽	频率范围	标准进展
3.5GHz	单载波	100MHz	中国电信：3.4GHz～3.5GHz 中国联通：3.5GHz～3.6GHz	标准已完成
	下行两载波聚合	200MHz	3.4GHz～3.6GHz	标准已完成
	上行两载波聚合	200MHz	3.4GHz～3.6GHz	标准已完成
2.1GHz	单载波	20MHz	下行：2110MHz～2130MHz 上行：1920MHz～1940MHz	标准已完成
	20MHz 带宽两载波聚合	40MHz	下行：2110MHz～2150MHz 上行：1920MHz～1960MHz	标准已完成
	单载波	30MHz/40MHz	下行：2110MHz～2140MHz 上行：1920MHz～1950MHz/ 下行：2110MHz～2150MHz 上行：1920MHz～1960MHz	标准已完成
	单载波	50M	下行：2110MHz～2160MHz 上行：1920MHz～1970MHz	标准已完成

注：下行 2155MHz～2160MHz，上行 1965MHz～1970MHz 频率，ITU 目前还在申请中。

2.2.1　2.1GHz NR 重耕部署总体情况

根据演进、竞争及投资等因素确定 5G 频率的总体规划思路。通过 3.5GHz 打造 5G 容量层，2.1GHz 打造 5G 基础覆盖层，可以较好地实现覆盖优势。从演进方面来看，4G 频率资源需要演进至 5G，可提前布局，多快好省地建设 5G 网络。从竞争方面来看，3.5GHz 频率比 2.6GHz 的无线传播能力低，应充分利用既有的中低频资源，打造差异化优势。从投资方面来看，3.5GHz 连续覆盖的投资压力大，利用 2.1GHz 打造 5G 基础覆盖层，可大幅节约建设 5G 网络的投资。

与 3.5GHz TDD NR 相比，2.1GHz FDD NR 频段具有传播能力好、低时延及可快速部署的优势，但也存在当前可用带宽小，且需要考虑与现网 4G 共存的问题。

为有效地用好宝贵的频率资源，在确保 4G 网络稳定的情况下，通过 2.1GHz 频段打造一张高低频协同的 5G 差异化网络，部分城市正在开展现场试验。

2.1GHz NR 的技术路线选取涉及应用场景、重耕方式、与 3.5GHz 协同方式 3 个关键点，这里将从 2.1GHz 怎么来、2.1GHz 怎么用以及 2.1GHz 在哪里用 3 个方面提供 2.1GHz NR 重耕部署指导。3.5GHz 与 2.1GHz 的对比见表 2-5。

表2–5 3.5GHz与2.1GHz的对比

	覆盖	时延	容量
2.1GHz	优点：2.1GHz 比 3.5GHz 传播损耗少 7.6dB（不含穿损）	优点：FDD 相比 TDD 更容易实现低时延，通过部署低时延增强技术，上行空口响应时延的 FDD 最大可减小约 1.7ms	缺点： ● 当前可用带宽较小（≤20MHz），需要考虑与现网 4G 共存的问题 ● 无法部署大规模天线（2T4R）提升容量

（续表）

	覆盖	时延	容量
3.5GHz	缺点： 上行室内覆盖较差	缺点： TDD 容易产生上 / 下行时隙互相干扰，难以应用低时延增强技术	优点： 带宽较大，且通过部署大规模天线（64TR）进一步提升容量

2.2.2　2.1GHz 频段重耕方式

2.2.2.1　2.1GHz 频率资源情况

目前，中国电信在 2.1GHz 频率上可用 2×20MHz 带宽，中国联通实际上已用 2×25MHz，剩余 2×10MHz 未分配。根据共建共享思路，结合 3GPP 协议中规定的系统带宽设置，后续可逐步演进至 2×50MHz 的 FDD 单载波，3GPP 正在制定 2×50MHz 相应标准化的工作。

2.1GHz 有两种重耕方式，分别是全频段 NR 方式和动态频谱共享方式。考虑到目前 3GPP R15/R16 在 Band1（2.1GHz）上仅支持 2×20MHz 的带宽设置，下文均以 2×20MHz 带宽为例说明这两种方式。2.1GHz 频率的使用情况如图 2-6 所示。

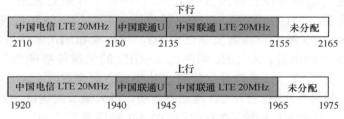

图2-6　2.1GHz频率的使用情况

2.2.2.2　重耕方式一：全频段 NR

该方案将整个现有的 2×20MHz 带宽用于开通 5G NR FDD 载波。由于 3GPP 对 NR 进行了优化提升，整个 2.1GHz 频段 NR 化后可提升频谱利用率约 8%。全频段 NR 方式如图 2-7 所示。

LTE 与 NR 的对比见表 2-6。

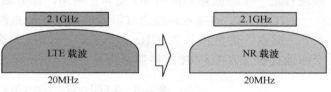

图2-7　全频段NR方式

表2-6　LTE与NR的对比

序号	差异	LTE	NR	对比
1	可用资源块（Resource Block，RB）	可用 RB 数 100	可用 RB 数 106	带宽使用率 NR 相对 LTE 提升 6%

（续表）

序号	差异	LTE	NR	对比
2	控制信道开销	小区参考信号（Cell Reference Signal，CRS）开销占7.1%（2ports），总体开销占7.1%	解调参考信号（Demodulation Reference Signal，DMRS）开销占2.4%或4.8%，TRS开销占2%，总体开销占4.88%	参考信号开销NR相对LTE减少2.22%

2.2.2.3 重耕方式二：4G/5G 动态频谱共享

4G 现网频段内通过物理资源块（Physical RB，PRB）/ 传输时间间隔（Transmission Time Interval，TTI）级别分配 RB，可实现 4G/5G 频谱共享方案。但由于二者在公共信道资源映射上存在冲突，即相同的 RB 上只能存在某一种公共信道资源映射（例如，4G 的 CRS 或 5G 的同步信号和 PBCH 块（Synchronization Signal and Physical Broadcast Channel Block，SSB），导致 LTE/NR 在进行 PRB/TTI 级动态频谱共享时出现公共资源映射冲突。动态频谱共享方式如图 2-8 所示。

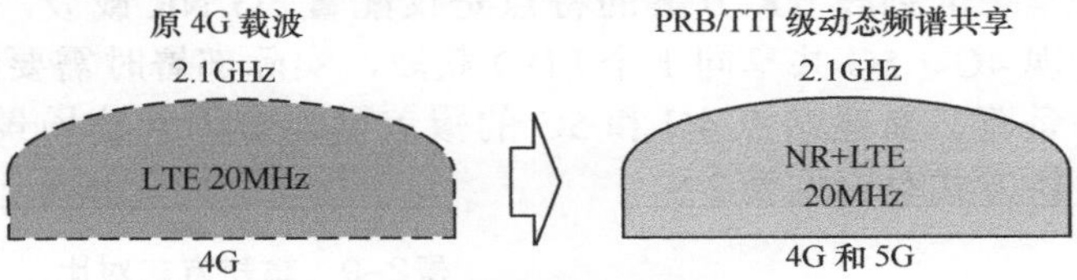

由于无法避免冲突，因此当前动态频谱共享主要有以下两类方案。

原 4G 载波
2.1GHz

PRB/TTI 级动态频谱共享
2.1GHz

LTE 20MHz
4G

⇨

NR+LTE
20MHz
4G 和 5G

图2-8　动态频谱共享方式

（1）保 4G 方案：即优先保留 4G 的公共信道资源映射，且在调度业务优先级时优先确保 4G 资源和用户接入体验。

（2）保 5G 方案：少量牺牲 4G 的性能，将部分 CRS 打孔，尽力确保 5G 小区的接入性能，进一步将 4G 的物理下行链路控制信道（Physical Downlink Control Channel，PDCCH）降低到 1 ～ 2 个符号，确保 5G 的 PDCCH 容量，业务资源公平竞争。

解决冲突的方案需要根据 4G 的现状及 5G 的覆盖需求进行选择，初期对于 4G 2.1GHz 单载波区域建议采用保 4G 方案，而后逐步演进建议采用保 5G 方案直至全频段 NR。4G/5G 下行公共信道冲突见表 2-7，4G/5G 上行公共信道冲突见表 2-8。

表2-7　4G/5G下行公共信道冲突

NR/LTE	PDCCH/PCFICH/PHICH	CRS	PDSCH	CSI-RS
SSB	Yes	Yes	Yes	Yes
CORESET0	Yes	Yes	Yes	–
PDCCH	Yes	Yes	Yes	–
RMSI	Yes	Yes	Yes	Yes
PDSCH	Yes	Yes	Yes	Yes
CSI-RS	–	–	Yes	Yes

注：物理下行链路控制信道（Physical Downlink Control Channel，PDCCH），物理控制格式指示信道（Physical Control Format Indicator Channel，PCFICH），物理混合自动重传指示信道（Physical Hybrid ARQ Indicator Channel，PHICH），物理下行共享信道（Physical Downlink Shared Channel，PDSCH），信道状态信息参考信号（Channel State Information-Reference Signal，CSI-RS），控制资源集（Control Resource Set，CORESET），剩余的最小化的系统信息（Remaining Minimum System Information，RMSI），物理下行链路共享信道（Physical Downlink Shared Channel，PDSCH）。

表2-8 4G/5G上行公共信道冲突

NR/LTE	PUSCH	PUCCH	DMRS	SRS	PRACH
PUSCH	Yes	Yes	Yes	Yes	Yes
PUCCH	Yes	Yes	Yes	Yes	Yes
DMRS	Yes	Yes	Yes	–	Yes
SRS	Yes	Yes	–	Yes	Yes
PRACH	Yes	Yes	Yes	Yes	Yes

注：物理上行共享信道（Physical Uplink Shared Channel，PUSCH），物理上行链路控制信道（Physical Uplink Control Channel，PUCCH），探测参考信号（Sounding Reference Signal，SRS），物理随机接入信道（Physical Random Access Channel，PRACH）。

2.2.2.4 方案对比

全频段 NR 方案的特点是仅配置 5G NR 载波，而 4G/5G 的 DSS 方案则实现 4G、5G 共享同 1 个 FDD 载波，实际部署时需要结合现网 4G 站点 LTE 载波负荷、新建站点 4G 和 5G 的覆盖需求等因素分场景选择，具体见 2.2.5 节。重耕方式对比见表 2-9。

表2-9 重耕方式对比

	方案	特点	优点	缺点
重耕方案一	全频段 NR	纯 NR 载波，可以 4G/5G 异厂商	• 有足够的带宽确保 5G 上下行覆盖的提升，NR 性能较好 • 纯 NR 的频谱利用率较高	对于原有 4G 2.1GHz 单载波区域会导致 LTE 无覆盖，原有 4G 双载波区域 LTE 容量下降一半
重耕方案二	4G/5G DSS	LTE+NR 共享载波，需 4G/5G 同厂商	• 保 4G 方案的 DSS 对原有 4G 2.1GHz 载波区域的 LTE 影响较小 • 新建区域可按需进行 4G 扩容或增强 4G 覆盖	• 为解决公共信道冲突，DSS 的整体频谱利用率比纯 4G 下降 5%～10%，比纯 5G 下降 10%～20% • 保 4G 方案的 DSS 在 4G 高负荷情况下 5G 接入及业务性能无法得到保证，无法满足 5G 上/下行覆盖的增强 • 新建区域需同时上 4G、5G 两套载波及 DSS 软件，投资相对较高

2.2.3 2.1GHz 与 3.5GHz 的 5G 高低频组网方案

2.1GHz 重耕获得频谱后部署 5G，根据协同方式的不同，可采用与 3.5GHz 二载波独立组网的松耦合方案，或与 3.5GHz 二载波协同组网的紧耦合方案，其中前者类似 4G 的 800MHz 与 1.8GHz 的组网方式，后者则类似 4G 的 1.8GHz 与 2.1GHz 的载波聚合（Carrier Aggregation，CA）组网方式。

2.2.3.1 组网方案一：2.1GHz+3.5GHz 独立组网方案

该方案采用 2.1GHz 与 3.5GHz 独立组网，通过异频切换实现连续覆盖，5G 用户根据信号质量情况在某一时刻只选择驻留在一个载波上。独立组网方案如

图 2-9 所示。

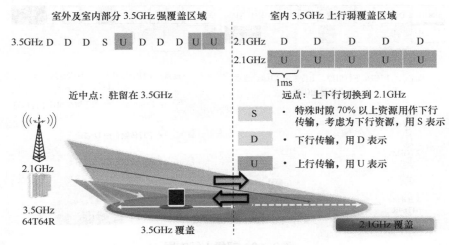

图2-9　独立组网方案

2.2.3.2　组网方案二：2.1GHz+3.5GHz 协同组网方案

该方案采用二载波协同组网，下行方向上可采用下行 CA 方式组网，而上行方向上则在现有终端两根发射天线配置的情况下采用两种上行协同组网方式。

1. 上行协同组网方式一：超级上行

此方案采用 FDD/TDD 时频域复用的方式，通过增加上行调度时频资源，提升上行的容量。

➤ 小区近点：借助终端 2Tx 通道的快速切换能力，3.5GHz TDD 上行时隙采用 2T 进行上行传输，其他时隙使用 2.1GHz FDD 进行上行传输。

➤ 小区远点：3.5GHz TDD 上行没有覆盖，全部采用 2.1GHz FDD 上行时隙进行传输。

超级上行方案如图 2-10 所示。

超级上行终端天线示意如图 2-11 所示。

2. 上行协同组网方式二：上行时分复用（Time Division Multiplexing，TDM）CA

此方案采用上行 CA 方式，但 UE 通过非并发机制，实现两根天线的 FDD NR 和 TDD NR 轮发，与超级上行类似。

➤ 小区近点：借助终端 2Tx 通道的快速切换能力，3.5GHz TDD 上行时隙采用 2T 进行上行传输，其他时隙使用 2.1GHz FDD 进行上行传输。与超级上行不同的是，此方案通过添加主辅载波聚合的握手流程保持 2.1GHz 和 3.5GHz 双连接。

➤ 小区远点：主载波切换至 2.1GHz 发送，提升覆盖。

上行 TDM CA 方案如图 2-12 所示。

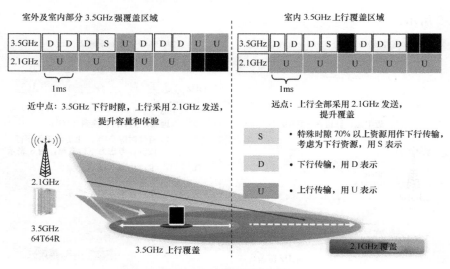

图2-10 超级上行方案

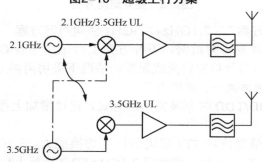

图2-11 超级上行终端天线示意

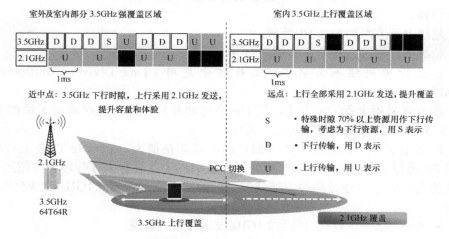

图2-12 上行TDM CA方案

上行 TDM CA 终端天线示意如图 2-13 所示。

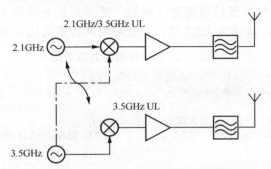

图2-13　上行TDM CA终端天线示意

3. 下行协同组网方式: 下行 CA

与 4G CA 类似, 下行 CA 通过添加主辅载波的方式提升下行容量, 可与上面多种上行协同方式组合组网。下行 CA 如图 2-14 所示, 下行 CA 终端天线示意如图 2-15 所示。

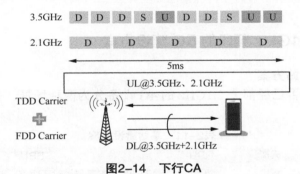

图2-14　下行CA

图2-15　下行CA终端天线示意

2.2.3.3　方案对比

独立组网及协同组网方案的主要区别在于 2.1GHz 与 3.5GHz 是否进行双连

接协同，前者不要求 2.1GHz 与 3.5GHz 同厂商，后者则需要同厂商，实际应用时需要结合业务需求分场景按需部署（例如，某场景某业务需求上行使用 2.1GHz，下行使用 3.5GHz），具体见 2.2.5 节。高低频组网方案对比见表 2-10。

表2-10　高低频组网方案对比

方案	特点	下行载波	上行载波	终端上行天线数	下行性能	上行性能
独立组网	终端选在 1 个载波驻留，主设备可异厂商	2.1GHz/3.5GHz	2.1GHz/3.5GHz	2.1GHz:1T/3.5GHz:2T	峰值：=3.5GHz 峰值 边缘：=2.1GHz 边缘	峰值：=3.5GHz 峰值 边缘：=2.1GHz 边缘
下行 CA+超级上行	终端可进行双连接，主设备需同厂商	2.1GHz+3.5GHz	2.1GHz/3.5GHz TDM	2.1GHz:1T+3.5GHz:2T	峰值：=3.5GHz 峰值 + 2.1GHz 峰值 边缘：=2.1GHz 边缘	峰值：=3.5GHz 峰值 + 0.7×2.1GHz 峰值 边缘：=2.1GHz 边缘
下行 CA+上行 TDM CA	终端可进行双连接，主设备需同厂商	2.1GHz+3.5GHz	2.1GHz/3.5GHz TDM	2.1GHz:1T+3.5GHz:2T	峰值：=3.5GHz 峰值 +2.1GHz 峰值 边缘：=2.1GHz 边缘	峰值：=3.5GHz 峰值 + 0.7×2.1GHz 峰值 边缘：=2.1GHz 边缘

2.2.4　2.1GHz 频段的 5G 建设方案

2.2.4.1　基站方案

根据现网是否已经部署 2.1GHz 的 4G 设备分为两种场景。基站建设方案见表 2-11。

表2-11　基站建设方案

场景	天馈	RRU	BBU
2.1GHz 新建场景	新增	新增	若开启 DSS 需要同时新增 4G、5G 板卡及载波资源
2.1GHz 存量场景	利旧	利旧或替换	新增 5G 板卡及载波资源

注：射频控远单元（Radio Remote Unit，RRU）。

在实施过程中需要注意，现网部分设备无法升级支持 NR，此外，BBU 有两种部署方案。BBU 共框方案如图 2-16 所示，BBU 级联方案如图 2-17 所示。

图2-16　BBU共框方案

图2-17 BBU级联方案

2.2.4.2 网管方案

2.1GHz 和 3.5GHz NR 同网管部署，若采用 4G/5G DDS 方案，需要将 2.1GHz 设备同时接入 4G 和 5G 网管。网管方案如图 2-18 所示。

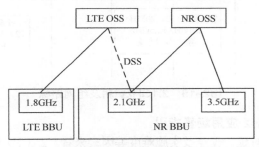

图2-18 网管方案

2.2.5 2.1GHz 应用指引

2.2.5.1 2.1GHz 产业链情况

总体而言，2.1GHz 产业链终端支持比网络设备支持要滞后 2 ～ 3 个季度。2.1GHz 产业链情况见表 2-12。

表2-12 2.1GHz产业链情况

产业链	重耕方式			高低频组网			
	全频段 NR（2×20MHz）	全频段 NR（2×50MHz）	动态频谱共享（2×40MHz）	2.1GHz+3.5GHz 组网	下行 CA	超级上行	上行 TDM CA
规范	R15 已支持	R16 已支持	R15 已支持	R15 已支持	R16 已支持	R16 已支持	R16 已支持
网络	2019 年第四季度已支持	2021 年第一季度	时间待定	2020 年第一季度已支持切换	2020 年第三季度	2021 年第一季度	2021 年第一季度
终端	2020 年第二季度支持 SA	2021 年第一季度	时间待定	2020 年第二季度已支持切换	2021 年第一季度	时间待定	时间待定

2.1GHz 重耕及组网路标如图 2-19 所示。

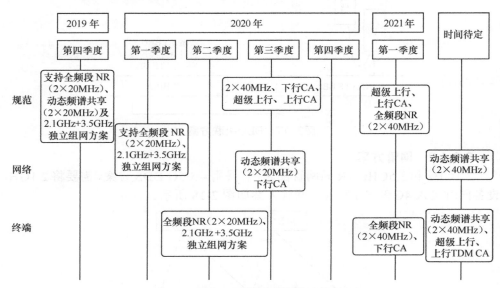

图2-19 2.1GHz重耕及组网路标

2.2.5.2 2.1GHz 应用场景指引

按照 2.1GHz 的时延、覆盖及实施难度等因素来看。2.1GHz 应用场景见表 2-13。

表2-13 2.1GHz应用场景

	应用场景说明	备注
场景 1	通过 FDD 降低空口时延满足工业应用等低时延场景	• FDD 不需要等待上 / 下行时隙转换，与 TDD 相比组网不需要统一系统内及系统间时隙配置，能更好地控制干扰 • 通过开通 30kHz 以上子载波间隔（Subcarrier Spacing, SCS）配置、快速混合自动重传请求（Hybrid Automatic Repeatre Quest, HARQ）、mini-slot 特性改变 slot 边界等特性，降低时延
场景 2	通过 2.1GHz NR 快速部署 5G	• 利旧现有 DAS 系统室分，尤其高铁隧道、地铁等特殊场景覆盖快速部署 5G • 实现广域覆盖，承接需要 5G 切片特性的低流量型物联网业务
场景 3	通过 2.1GHz NR 加强深度覆盖	小区边缘用 2.1GHz NR 改善 3.5GHz 的上行，协同组网下可利用 3.5GHz 的下行
场景 4	通过 2.1GHz 提供农村、乡镇等区域广覆盖，降低投资	2.1GHz 作为基础层提供广覆盖，既能降低投资也能降低功耗电费等运营成本

对于场景 3 中的深度覆盖场景，需要注意 2.1GHz NR 应连片部署，避免与 4G 2.1GHz 覆盖不重叠导致越区覆盖带来的干扰问题。NR 非连续覆盖对 4G 的干扰如图 2-20 所示。

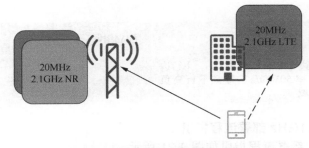

图2-20　NR非连续覆盖对4G的干扰

2.2.5.3　2.1GHz 重耕方式选取指引

2.1GHz 重耕方式需要结合现网 4G 站点 LTE 载波负荷、新建站点 4G 和 5G 的覆盖需求等因素分场景选择。重耕指引见表 2-14。

表2-14　重耕指引

场景	说明	全频段 NR 方案	4G/5G 动态频谱共享
场景 1	4G 现网 1.8GHz+2.1GHz 双载波场景	• 4G 低话务时（按扩容标准）采用此方案 • 5G 低时延专网区域采用此方案 • 4G/5G 异厂商采用此方案	4G 超高话务且 4G/5G 同厂家采用保 4G 方案
场景 2	4G 现网 2.1GHz 单载波场景		采用此方案
场景 3	4G 现网 800MHz 或 1800MHz 载波场景	优先采用此方案	4G/5G 同厂商下按需引入 2.1GHz 扩容 4G
场景 4	4G/5G 均无覆盖场景	• 农村乡镇：优先采用此方案 • 4G/5G 异厂商采用此方案	市区住宅：4G/5G 同厂商下按需引入 2.1GHz 补盲 VoLTE

2.2.5.4　2.1GHz 高低频组网方案选取指引

2.1GHz 高低频组网方案结合 5G 规划覆盖目标、业务需求及厂商情况分场景进行选择。2.1GHz 高低频组网指引见表 2-15。

表2-15　2.1GHz高低频组网指引

场景		独立组网	下行 CA	超级上行或者上行 TDM CA
2.1GHz 与 3.5GHz 异厂商区域		采用此方案		
2.1GHz 与 3.5GHz 同厂商区域	上行边缘速率 1Mbit/s 区域	采用此方案		
	上行边缘速率大于 1Mbit/s，下行边缘速率 50Mbit/s 区域			采用此方案
	下行高负荷区域		采用此方案	

（续表）

场景		独立组网	下行 CA	超级上行或者上行 TDM CA
2.1GHz 与 3.5GHz 同厂商区域	上行边缘速率大于 1Mbit/s，下行边缘速率 50Mbit/s 区域且下行高负荷区域		采用此方案	采用此方案

2.2.5.5　2.1GHz 部署流程指引

2.1GHz NR 部署流程指引如图 2-21 所示。

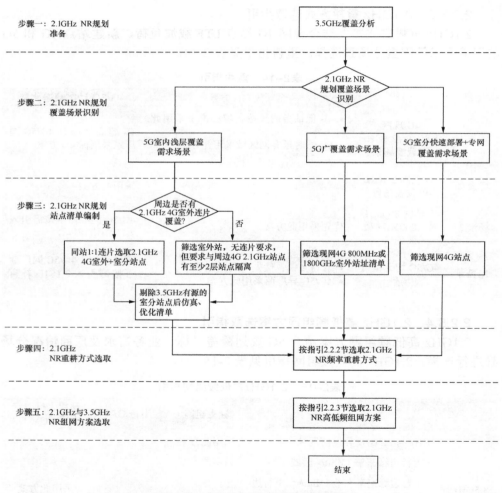

图2-21　2.1GHz NR部署流程指引

2.3 三层立体组网

5G 采用高频段组网，高频绕射损耗大，传播距离短，楼宇室内想要实现 5G 覆盖，需要综合发挥各种覆盖方式的优势，以宏站＋杆微＋室分深度覆盖的 5G 协同三层立体组网满足不同场景下的网络覆盖需求。三层立体组网综合示意如图 2-22 所示。

图2-22 三层立体组网综合示意

第一层是以 64TR/32TR/16TR/8TR 宏基站分别覆盖城区和郊区，实现广域覆盖兼顾室内覆盖的需求；第二层是以杆站和微基站灵活部署，局部补盲和吸热；第三层是聚焦室内深度覆盖，基于有源室分／白盒站／分布式天线系统（Distributed Antenna System，DAS）等覆盖手段支撑向 5G 演进满足室内覆盖和容量需求。

第3章

5G 网络规划流程与方法

📶 | 3.1 规划要点

3.1.1 规划特征

目前，5G 网络业务主要有面向个人的业务和面向企业的业务，面向企业业务的规划是 5G 规划的核心，面向个人业务的规划和 4G 规划方法一致。不同于传统移动网络的规划，5G 网络应做好分类规划，针对不同业务的覆盖和网络承载能力需求，合理制定网络建设的策略，降低网络建设的成本。

5G 面向企业业务的规划要点是突出信息服务叠加 5G 元素的特征，其中，应用服务、网络切片、多接入边缘计算（Multi-Access Edge Computing，MEC）、移动网络是规划的核心内容。

3.1.2 业务驱动的规划

5G 网络需要从基于传统电信业务的网络建设模型的规划转变为基于业务服务体验的规划，以满足各种新型数字业务体验的需求。这种业务驱动的规划，具有用户体验模型、业务质量需求和网络能力基线三层架构体系。业务驱动规划的三层架构体系如图 3-1 所示。

1. 层 3 用户体验模型

以 VR 业务为例，ITU 和 3GPP 提出了 3 个关键的用户体验指标，包括媒体质量（Media Quality Index，MQI）、交互质量（Interaction Quality Index，IQI）和展示质量（Presentation Quality Index，PQI）。MQI 表征由 VR 内容带给用户的包括声音的、视觉的感官刺激，是否接近于真实世界的感官效果；IQI 表征用户和 VR 内容提供商的交互体验情况；PQI 是完整性指标，表征用户在整个使用VR 业务期间体验的连续和平滑。

2. 层 2 业务质量需求

主要包括业务 TCP/UDP 吞吐量、E2E RTT 时延和数据丢包率。

3. 层 1 网络能力基线

层 2 和层 3 的体验和业务需求不能直接应用于无线网络规划，需要映射为覆盖和容量等无线网络目标，作为最终无线网络规划的输入。

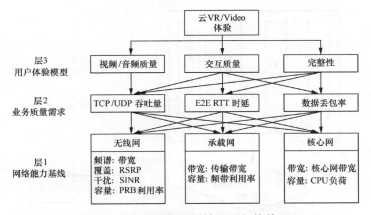

图3-1 业务驱动规划的三层架构体系

注：参考信号接收功率（Reference Signal Receiving Power，RSRP），信号与干扰和噪声比（Signal to Interference plus Noise Ratio，SINR）。

3.1.3 以终为始，以目标网做规划

5G 网络规划遵从业务引领、以终为始的原则，根据目标网络进行规划，然后分阶段分区域部署实施。

分期规划需要从目标网清单中挑选，分步实施。网络初期重点覆盖垂直行业用户、品牌示范区域和高流量热区，充分利用现网站址资源快速建网。

3.1.4 共建共享

承建方和共享方按共建共享区域划分情况，基于双方网络站址资源和频率资源，共同推进 5G 网络建设。

3.2 规划手段

5G 网络覆盖规划：首先按照与现网 4G 1∶1 站址建站部署，1∶1 部署之后，需要进行网络覆盖评估、弱区聚合；根据不同弱区类型，基于共享方和承建方双方站址库输出相应的覆盖规划方案。

5G 无线网规划需要同时考虑覆盖规划和容量规划。现阶段容量规划需要在覆盖规划的基础上，结合容量规划结果进行判断（判断是容量受限还是覆盖受限），具体容量规划方法见 3.5 节。

3.2.1 网络覆盖评估

3.2.1.1 网络覆盖评估的方法
网络覆盖评估的方法如图 3-2 所示。

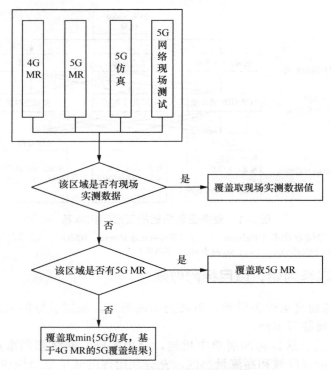

图3-2　网络覆盖评估的方法

注：
1）5G 仿真，如有高精度 3D 仿真则利用 3D 仿真结果；如无 3D 仿真取平面仿真结果。
2）测量报告（Measurement Report，MR），如有单独的室内和室外 MR，则采用单独的室内和室外 MR 结果；如无取全量 MR。
3）5G MR，初期由于终端上报数据过少，可暂时采用基于 4G MR 的 5G 覆盖预测代替。

3.2.1.2　基于 4G MR 的 5G 覆盖预测方法

在 4G 1:1 组网部署下，可以根据 4G 现网 MR 等运营大数据，结合 5G 与 4G 之间的路损差异，推导和预测 5G 的覆盖情况。基于 4G 大数据 5G 覆盖预测算法如图 3-3 所示。

5G 满足上行 1Mbit/s 对应的耦合损耗为 124.7dB，折算成 4G 耦合损耗，对应 4G MR 的 RSRP 统计门限为 -103dBm。4G MR RSRP 统计门限推导见表 3-1。

基于 4G MR 的 5G 覆盖预测案例如下所述。

根据以上介绍的基于现网 4G MR 大数据来评估 1:1 共站部署 5G 的覆盖情况方法，结合外场测试情况从理论分析，4G MR 达到约 -103dBm 时，所对应的 5G 覆盖能达到 -110dBm。

选取某地市 4G 室外站 3 天全量 MR 数据，MR 统计结果是市区约 80% 覆盖达标，镇区约 73% 覆盖达标。

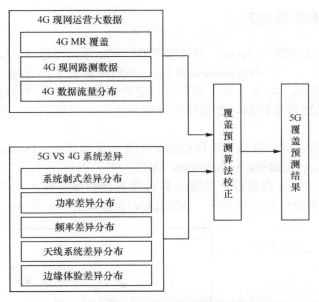

图3-3 基于4G大数据5G覆盖预测算法

表3-1 4G MR RSRP统计门限推导

	单位	数值	备注	计算
L1.8GHz RS EPRE	dBm	15.2		a
NR 3.5GHz RS EPRE	dBm	16.9		b
3.5GHz 与 1.8GHz 室内路损差异	dB	14.8	自由空间损耗差 6dB，衍射差 2～3dB，穿损差 5.8dB	L
NR 与 L1.8GHz 天线增益差异	dB	8.5	NR 天线增益 24dBi，无馈线损耗；L1.8GHz 天线增益 17dBi，馈线损耗 1.5dB	$G=24-(17-1.5)$
耦合损耗差异	dB	6.3	NR 耦合损耗 −LTE 耦合损耗 = 路径损耗差 − 天线增益差	$c=L-G$
最大 NR 耦合损耗	dB	124.7	单站拉远 RSRP：$R=-110$dBm；干扰余量：$i=3$dB；上行时隙折算比例因子：$t=0.8$dB	$d=b-R-i+t=16.9-(-110)-3+0.8$
L1.8GHz RS EPRE	dBm	−103.2	$c=$NR 耦合损耗 −LTE 耦合损耗 $=d-(a-e)$	$e=a+(c-d)$

注：参考信号每资源粒子的能量（Reference Signal Energy Per Resource Element，RS EPRE）。

由于这里没有考虑室分覆盖的那部分，因此实际上纯室外站覆盖情况还要剔除室分覆盖那部分的样板，简单乘以室外站 85% 的话务吸收率，就可以评估出该市若 1∶1 纯室外站部署 5G，按 RSRP ≥ −110dBm 的覆盖门限，可以实现 60% ～ 70% 的 5G 覆盖。

3.2.2 弱区聚合方法

室外弱区：对加站 Polygon，以外接矩形的左上顶点为起点，按照 PolygonSize 将 Polygon 划分成多个 PolygonSize×PolygonSize 的正方形区域，一个序号就是一个汇聚的小区域。相邻汇聚区域设置一定的重叠区域，为 PolygonSize 的 1/5。PolygonSize 通过参数控制，在加站的过程中会多轮区域汇聚。室外弱区聚合方法如图 3-4 所示。

另外，目前还有一种具有噪声的基于密度的聚类算法（Density-Based Spatial Clustering of Applications with Noise，DBSCAN）可以用来进行室外弱区聚合。该算法通过寻找核心数据点，并将与其密度直连的数据标为一类，通过核心数据点的汇聚连接最终形成聚类簇。DBSCAN 示意如图 3-5 所示。

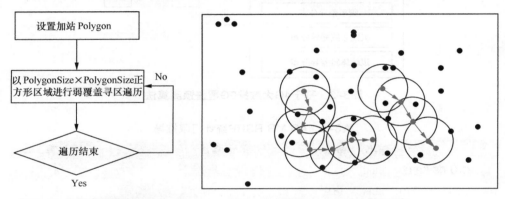

图3-4　室外弱区聚合方法　　　　　　图3-5　DBSCAN示意

室内弱区根据弱覆盖栅格占比、弱覆盖话务占比、建筑物话务占比等筛选出弱覆盖区域和建筑物。室内弱区聚合方法如图 3-6 所示。

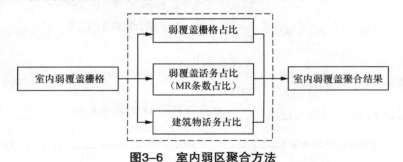

图3-6　室内弱区聚合方法

3.2.3 覆盖补盲方法

按 1∶1 部署基站，然后进行网络覆盖评估和 5G 弱区聚合。结合高精度地图，判断弱覆盖属于室内还是室外，再基于共享双方站址库输出方案。

室外弱覆盖根据弱覆盖区域大小判断增加宏站或者微站。室外弱覆盖补盲方法如图 3-7 所示，室内弱覆盖参见本书第 9 章。

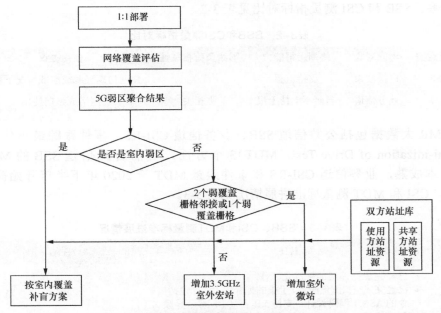

图3-7 室外弱覆盖补盲方法

注：上述流程图中采用的栅格大小为 50m×50m。

针对市区 2.1GHz 深度覆盖场景，需要注意 2.1GHz NR 应连片部署，且设置 2～3 层站点作为与外围区域的隔离带（隔离带内无 4G 2.1GHz 站点），避免与 4G 2.1GHz 覆盖不重叠导致越区覆盖带来的干扰。

对于补盲站址的选取，基于双方站址库优选。若双方共站站址，优先选用两家较高的平台；若双方较近站址，在不影响覆盖的情况下，优先选用两家较高的平台。

3.3 业务规划指标

3.3.1 面向个人业务的规划指标

5G 网络存在两种覆盖指标：广播波束 SSB-RSRP 和 SSB-SINR，业务信道 CSI-RSRP 和 CSI-SINR。

目前，5G 终端均可上报广播波束 SSB-RSRP 和 SSB-SINR，SSB-SINR 不会随网络负荷的变化而变化，并且由于是广播波束指标，与用户的实际感知相关性低。

在建网初期轻载或空载的情况下，建议使用广播波束 SSB-RSRP 和 SSB-SINR。

5G 终端目前不支持上报业务信道 CSI-RSRP 和 CSI-SINR，CSI-SINR 与网络负荷强相关，后续待网络成熟，建议逐步转向基于 CSI-RSRP/CSI-SINR 的评估体系。SSB 和 CSI 测量指标对比见表 3-2。

表3-2　SSB和CSI测量指标对比

信道类型	考察对象	终端上报能力	网络负荷相关性	使用建议
SSB	广播波束	支持上报	无关	建网初期轻载或空载情况下使用
CSI	业务信道	当前不支持上报	强相关	网络成熟期使用

MR 大数据包括公共信道 SSB、业务信道 CSI-RS、事件跟踪最小化路测（Mini-mization of Drive Test，MDT）3 个方面。目前公共信道 SSB 的 MR 测量基本成熟，业务信道 CSI-RS 和事件跟踪 MDT 于 2020 年下半年开始商用。SSB、CSI 和 MDT 测量标准进展情况见表 3-3。

表3-3　SSB、CSI和MDT测量标准进展情况

	R15	R16
SSB 测量	• 已经完成物理层的标准化工作 • 已经完成空口测量配置/上报的标准化工作，包括信令的 ASN.1 编码设计；支持 NR 测量（同频、异频）和系统间（E-UTRA）测量；支持事件型或周期型上报；上报服务小区/邻区/LTE 的 RSRP、RSRQ、SINR；支持测量事件 A1～A6、B1、B2 的上报 • 已完成站间 SSB 资源配置交互的信令/信元设计 • 已完成对于 SSB 测量的 UE requirement 工作	已完成
CSI-RS 进展	• 已经基本完成物理层的标准化工作 • 已经基本完成空口测量配置/上报的标准化工作，包括信令的 ASN.1 编码设计，详见 38.331。但 RAN4 的讨论可能会触发 RAN2 进行重新讨论和修改 • 正在讨论站间 CSI-RS 资源配置交互的信令/信元设计 • 对于 CSI-RS 测量的 UE requirement（包括测量周期、gap 配置等）工作推到 R16，在 2019 年第四季度才正式开始，这是商用部署 CSI-RS L3 测量的主要瓶颈，因为在定义具体的 UE requirement 之前，市面上不会有芯片支持 CSI-RS 的 RRM 测量	• 已完成站间 CSI-RS 资源配置交互的信令/信元设计 • 已完成对于 CSI-RS 测量的 UE requirement（包括测量周期，gap 配置等）
MDT 进展	无	• 已完成空口测量配置/上报的标准化 • 已完成接口交互的信令/信元设计 • 已完成 MDT 测量的 UE requirement

注：无线接入网（Radio Access Network，RAN），无线资源管理（Radio Resource Management，RRM）。

3.3.1.1　覆盖门限

针对 3 种场景（室外路测、室分测试、MR）分别制定了网络覆盖门限。网络覆盖门限见表 3-4。

表3-4　网络覆盖门限

场景	SSB RSRP 门限（dBm）	SSB SINR 门限（dB）
室外路测	−105	−3
室分测试	−110	3
MR	−110	−3

网络负载初步按照 50% 进行规划。因 5G 目前尚无 MR 数据，建议通过测试获取覆盖情况。

3.3.1.2　感知指标门限

1. 室外站

在不同的网络配置下，用户感知不同，典型网络配置情况见表 3-5。目前的感知门限可依据表 3-5 的网络配置情况进行制定。

表3-5　典型网络配置情况

网络制式	带宽（MHz）	帧结构	特殊子帧配置	基站多天线配置	RS EPRE（dBm）	终端天线配置（针对 5G）	终端发射功率（dBm）
SA	100	2.5ms 双周期	10:2:2	64T64R	17.8	2T4R	26
NSA	100	2.5ms 双周期	10:2:2	64T64R	17.8	1T4R	23

（1）单站指标

单站指标主要包含近点、中点、远点上 / 下行 PDCP 层速率、控制面时延、用户面时延等。建网初期，用户过少，可以考虑加载 50% 的负载进行速率测试。室外单站速率感知门限（空载）见表 3-6，室外单站速率感知门限（加载 50% 的负载）见表 3-7，室外单站时延感知门限见表 3-8。

表3-6　室外单站速率感知门限（空载）

判断门限 CSI-RSRP		SA		NSA	
		下行	上行	下行	上行
单用户理论峰值		1.4Gbit/s	294Mbit/s	1.4Gbit/s	147Mbit/s
单用户峰值		≥ 1.12Gbit/s	≥ 235Mbit/s	≥ 950Mbit/s（不支持天线选择终端）≥ 1.12Gbit/s（支持天线选择终端）	≥ 118Mbit/s
近点	−80dBm ～ −75dBm	≥ 700Mbit/s	≥ 160Mbit/s	≥ 700Mbit/s	≥ 80Mbit/s
中点	−90dBm ～ −85dBm	≥ 300Mbit/s	≥ 80Mbit/s	≥ 300Mbit/s	≥ 50Mbit/s

（续表）

	判断门限 CSI-RSRP	SA		NSA	
		下行	上行	下行	上行
远点	-100dBm ~ -95dBm	≥ 150Mbit/s	≥ 20Mbit/s	≥ 150Mbit/s	≥ 17.5Mbit/s

注：理论峰值计算方法参考协议 3GPP 38.306 4.1.2 节。

表3-7　室外单站速率感知门限（加载50%的负载）

	判断门限 CSI-RSRP	SA		NSA	
		下行	上行	下行	上行
单用户理论峰值		1.4Gbit/s	294Mbit/s	1.4Gbit/s	147Mbit/s
单用户峰值		≥ 900Mbit/s	≥ 212Mbit/s	≥ 760Mbit/s（不支持天线选择终端）≥ 900Mbit/s（支持天线选择终端）	≥ 106Mbit/s
近点	-80dBm ~ -75dBm	≥ 560Mbit/s	≥ 144Mbit/s	≥ 560Mbit/s	≥ 72Mbit/s
中点	-90dBm ~ 85dBm	≥ 210Mbit/s	≥ 64Mbit/s	≥ 210Mbit/s	≥ 40Mbit/s
远点	-100dBm ~ -95dBm	≥ 105Mbit/s	≥ 16Mbit/s	≥ 105Mbit/s	≥ 14Mbit/s

注：理论峰值计算方法参考协议 3GPP 38.306 4.1.2 节。下行加载 50% 负载的方法：邻小区 PDSCH 模拟加载 50% 负荷；上行加载 50% 负载的方法：上行底噪抬升 3dB。

表3-8　室外单站时延感知门限

时延（端到端）	SA	NSA
控制面时延	时延＜20ms	
用户面时延（ping 32 字节）	时延＜30ms　成功率≥ 95%	时延＜30ms　成功率≥ 95%
用户面时延（ping1400 字节）	时延＜35ms　成功率≥ 95%	时延＜35ms　成功率≥ 95%

（2）连片组网指标

连片区域组网感知指标主要针对簇和全网拉网测试，主要包含每载扇平均吞吐量、用户吞吐量优良比、用户连接建立成功率、切换成功率、切换时延、掉线率等。连片组网感知门限见表 3-9。

表3-9　连片组网感知门限

感知指标名称	指标取值（SA）	指标取值（NSA）
用户连接建立成功率	≥ 95%	≥ 95%
SCG 添加成功率		≥ 98%

（续表）

感知指标名称	指标取值（SA）	指标取值（NSA）
SCG 占用时长比		≥ 90%
SCG 切换成功率	≥ 95%	≥ 95%
SCG 掉线率	≤ 4%	≤ 4%
MCG 掉线率		≤ 2%
切换时延（带 SCG 切换）	切换控制面平均时延＜100ms	切换控制面平均时延＜116ms
	切换业务面平均时延＜50ms	切换业务面平均时延＜101ms
小区平均吞吐量	上行 ≥ 75Mbit/s	上行 ≥ 45Mbit/s
	下行 ≥ 575Mbit/s	下行 ≥ 575Mbit/s
用户吞吐量优良比	上行吞吐量 ≥ 25Mbit/s 的优良比 ≥ 70%	上行吞吐量 ≥ 16Mbit/s 的优良比 ≥ 70%
	下行吞吐量 ≥ 200Mbit/s 的优良比 ≥ 70%	下行吞吐量 ≥ 200Mbit/s 的优良比 ≥ 70%
边缘速率	上行 ≥ 5Mbit/s（城区 DT）上行 ≥ 1Mbit/s（城区室内浅层）	上行 ≥ 1Mbit/s（城区 DT）
	下行 ≥ 100Mbit/s（城区 DT）下行 ≥ 20Mbit/s（城区室内浅层）	下行 ≥ 20Mbit/s（城区 DT）

注：辅小区组（Secondary Cell Group, SCG），主小区组（Master Cell Group, MCG），路测（Drive Test, DT）。

2. 室分

在不同的网络配置下，用户感知不同，典型网络配置情况见表 3-10。目前的室分感知门限可依据表 3-10 的网络配置情况进行制定。

表3-10　典型网络配置情况

网络制式	带宽（MHz）	帧结构	特殊子帧配置	基站多天线配置	RS EPRE（dBm）	终端天线配置（针对 5G）	终端发射功率（dBm）
SA	100	2.5ms 双周期	10∶2∶2	4T4R	−5.15	2T4R	26
NSA	100	2.5ms 双周期	10∶2∶2	4T4R	−5.15	1T4R	23

（1）目前工程主流采用的 DT 指标要求

在目标覆盖区域内 95% 以上的位置，RSRP ≥ -110dBm 且 SINR ≥ 3dB。在目标覆盖区域内 95% 以上的位置，满足（空载）：PDCP 层下行速率 ≥ 100Mbit/s，上行速率 ≥ 10Mbit/s。室内 DT 指标见表 3-11。

表3-11　室内DT指标

指标项	SA	NSA
下行速率优良比（≥ 600Mbit/s）	≥ 70%	≥ 70%
上行速率优良比（≥ 30Mbit/s）		≥ 70%

指标项	SA	NSA
上行速率优良比（≥ 60Mbit/s）	≥ 70%	
室内信源间切换成功率	≥ 99%	≥ 99%
室内外信源间切换成功率	≥ 99%	≥ 99%

（2）目前工程主要采用通话质量测试（Call Quality Test，CQT）指标要求在目标覆盖区域内 95% 以上的位置，RSRP ≥ -110dBm 且 SINR ≥ 3dB。

3.3.2　面向企业各种移动业务的网络指标要求

在 VoLTE 语音业务中，不同信道编码的业务对网络 PDCP 层下行速率、上行速率都有不同的要求。VoLTE 语音业务的网络指标要求见表 3-12。

表3-12　VoLTE语音业务的网络指标要求

信源编码（分辨率）	VoLTE 语音					
	AMR-WB	AMR-WB	AMR-NB	EVS	EVS	EVS
信源码流	12.65kbit/s	23.85kbit/s	12.2kbit/s	9.6kbit/s	13.2kbit/s	24.4kbit/s
PDCP 层下行速率要求（不低于）	30kbit/s	41.2kbit/s	29.2kbit/s	26.4kbit/s	30kbit/s	41.2kbit/s
PDCP 层上行速率要求（不低于）	30kbit/s	41.2kbit/s	29.2kbit/s	26.4kbit/s	30kbit/s	41.2kbit/s
用户体验下行速率要求（不低于）	256kbit/s	256kbit/s	256kbit/s	256kbit/s	256kbit/s	256kbit/s
用户体验上行速率要求（不低于）	256kbit/s	256kbit/s	256kbit/s	256kbit/s	256kbit/s	256kbit/s

注：自适应多速率宽带（Adaptive Multi-Rate Wide Band，AMR-WB），自适应多速率窄带（Adaptive Multi-Rate Narrow Band，AMR-NB），增强语音服务（Enhance Voice Services，EVS）。

在 VoLTE 视频（H.264，30fps）业务中，不同信道编码的业务对网络 PDCP 层下行速率、上行速率都有不同的要求。VoLTE 视频（H.264，30fps）的网络指标要求要求见表 3-13。

表3-13　VoLTE视频（H.264,30fps）的网络指标要求

信源编码（分辨率）	VoLTE 视频（H.264,30fps）			
	BP（320×240）	EP（352×288）	MP（640×480）	HP（1280×720）
信源码流	640kbit/s	768kbit/s	1216kbit/s	2176kbit/s
PDCP 层下行速率要求（不低于）	660kbit/s	800kbit/s	1260kbit/s	2250kbit/s
PDCP 层上行速率要求（不低于）	660kbit/s	800kbit/s	1260kbit/s	2250kbit/s

（续表）

	VoLTE 视频（H.264，30fps）			
用户体验下行速率要求（不低于）	1Mbit/s	1.2Mbit/s	1.5Mbit/s	2.5Mbit/s
用户体验上行速率要求（不低于）	1Mbit/s	1.2Mbit/s	1.5Mbit/s	2.5Mbit/s

注：基本画质（Baseline Profile，BP），进阶画质（Extended Profile，EP），主流画质（Main Profile，MP），高级画质（High Profile，HP）。

在 VoLTE 视频（H.265，30fps）业务中，不同信道编码的业务对网络 PDCP 层下行速率、上行速率都有不同的要求。VoLTE 视频（H.265，30fps）的网络指标要求见表 3-14。

表3-14　VoLTE视频（H.265，30fps）的网络指标要求

信源编码（分辨率）	VoLTE 视频（H.265，30fps）			
	BP（320×240）	EP（352×288）	MP（640×480）	HP（1280×720）
信源码流	320kbit/s	384kbit/s	608kbit/s	1088kbit/s
PDCP 层下行速率要求（不低于）	330kbit/s	400kbit/s	630kbit/s	1125kbit/s
PDCP 层上行速率要求（不低于）	330kbit/s	400kbit/s	630kbit/s	1125kbit/s
用户体验下行速率要求（不低于）	0.5Mbit/s	0.6Mbit/s	0.75Mbit/s	1.25Mbit/s
用户体验上行速率要求（不低于）	0.5Mbit/s	0.6Mbit/s	0.75Mbit/s	1.25Mbit/s

VR 业务根据 VR 分辨率的不同，对网络速率、时延、可靠性、CSI RSRP 覆盖、CSI SINR 质量等都有不同的要求。VR 的网络指标要求见表 3-15。

表3-15　VR的网络指标要求

序号	分辨率名称	业务类型	屏幕分辨率（pixel/frame）		色深（bit/pixel）	帧率（fps）	视频编码		网络传输开销系数	网络速率要求（Mbit/s）		时延要求（ms）	可靠性要求（误码率）	CSI RSRP 覆盖等级（dBm）	CSI SINR 质量等级（dB）
			H	V			编码压缩率	编码协议		典型速率（Mbit/s）	建议速率取值范围（Mbit/s）				
1	1080P	高清视频	1920	1080	8	30	165	H.265	1.3	4	[2.5, 6]	50	1.40E-04	-115	-3
		VR	1920	1080	10	60	165	H.265	1.3	10	[6, 15]				
2	4K	高清视频	3840	2160	8	30	165	H.265	1.3	15	[10, 25]	40		-113	-2
		VR	3840	2160	10	60	165	H.265	1.3	40	[25, 60]				

（续表）

序号	分辨率名称	业务类型	屏幕分辨率（pixel/frame）		色深（bit/pixel）	帧率（fps）	视频编码		网络传输开销系数	网络速率要求（Mbit/s）		时延要求（ms）	可靠性要求（误码率）	CSI RSRP覆盖等级（dBm）	CSI SINR质量等级（dB）
			H	V			编码压缩率	编码协议		典型速率（Mbit/s）	建议速率取值范围（Mbit/s）				
3	8K 2D	高清视频	7680	4320	8	30	165	H.265	1.3	60	[40, 90]	30	1.50E-05	-108	1
		VR	7680	4320	10	60	165	H.265	1.3	150	[90, 230]				
4	8K 3D	高清视频	7680	4320	16	60	165	H.265	1.3	240	[160, 360]			-100	10
		VR	7680	4320	18	120	165	H.265	1.3	540	[360, 800]			-90	20
5	12K 2D	高清视频	11520	5760	8	30	215	HEVC/VP9	1.3	100	[50, 160]	20	1.90E-06	-108	1
		VR	11520	5760	10	60	215	HEVC/VP9	1.3	240	[160, 360]			-100	10
6	24K 3D	高清视频	23040	11520	16		350	H.266 3D	1.3	900	[600, 1500]	10	5.50E-08	-80	30
		VR	23040	11520	18	120	350	H.266 3D	1.3	2300	[1500, 3500]				

4K 网络直播和 CCTV 电视直播根据 VR 分辨率的不同，对网络速率、时延、可靠性、CSI RSRP 覆盖、CSI SINR 质量等都有不同的要求。4K 网络直播和 CCTV 电视直播的网络指标要求见表 3-16。

表3-16 4K网络直播和CCTV电视直播的网络指标要求

服务场景	编码速率（Mbit/s）	帧率（fps）	网络典型速率（Mbit/s）	丢包率	时延要求（ms）	CSI RSRP覆盖等级（dBm）	CSI SINR质量等级（dB）
4K 网络直播	20	30	40（上行）	10^{-3}（with FEC coding） 10^{-5}（without FEC coding）	<100	-110	-1
CCTV 电视直播	42	50	63（上行）	10^{-2}（with SRT assurance） 10^{-5}（without assurance）	<50	-91	8

根据不同业务场景，V2X 业务对网络端到端时延、可靠性、数据速率都有不同的要求。V2X 的网络指标要求见表 3-17。

表3-17 V2X的网络指标要求

业务场景		V2X 类型	端到端时延	可靠性	数据速率
逻辑业务	协同感知	V2V/V2I	100ms ～ 1s	90% ～ 95%	5kbit/s ～ 96kbit/s
	协同感测	V2V/V2I	3ms ～ 1s	>95%	5kbit/s ～ 25Mbit/s
	协同操作	V2V/V2I	3ms ～ 100ms	>99%	10kbit/s ～ 5Mbit/s

（续表）

	业务场景	V2X 类型	端到端时延	可靠性	数据速率
逻辑业务	弱势道路使用	V2P	100ms ～ 1s	95%	5kbit/s ～ 10kbit/s
	流控效率	V2N/V2I	＞1s	＜90%	10kbit/s ～ 2Mbit/s
	远程 / 无人驾驶	V2N	5ms ～ 20ms	＞99%	＞25Mbit/s
具体功能	自动超车	V2V/V2I	10ms	＞99.999%	较小
	撞车避免	V2V/V2I	10ms	＞99.999%	较小
	高密度编队	V2V/V2I	10ms	＞99.999%	较小
	远方透视	V2V/V2I	50ms		10Mbit/s
	行人非机动车道发现	V2P	10ms	＞99.999%	较小
	鸟的视角	V2V/V2I	50ms		50Mbit/s

　　根据不同的业务场景，智能制造对网络端到端时延、可靠性、数据速率都有不同的要求。智能制造的网络指标要求见表 3-18。

表3-18　智能制造的网络指标要求

	业务场景	端到端时延	可靠性	数据速率	典型数据包大小
逻辑业务	动作控制	250us ～ 1ms		kbit/s ～ Mbit/s	20 ～ 50B
	安全物流	10ms		＜1Mbit/s	64B
	环境监控	100ms		kbit/s	1 ～ 50B
	增强现实	10ms		Mbit/s ～ Gbit/s	＞200B
智能电网	继电保护	15ms	99.999%	＜2.4Mbit/s	—
	输配变机器巡检	＜80ms	99.999%	≥ 2Mbit/s	—
	精准负荷控制	＜200ms		上行速率 1.13Mbit/s	—
	电力应急通信	小于100ms ～ 200ms	99.999%	64kbit/s ～ 3.8Mbit/s	—
	隔离故障区域	10ms		5Mbit/s	—

　　根据不同的业务场景，远程医疗对网络端到端时延、数据速率都有不同的要求。远程医疗的网络指标要求见表 3-19。

表3-19　远程医疗的网络指标要求

	业务场景	端到端时延（ms）	数据速率（Mbit/s）
远程内窥镜	光学内窥镜	35	12
	360°4K + 触觉反馈	5	50
远程超声波	半自动，触觉反馈	10	15
	AI 视觉辅助，触觉反馈	10	23

根据不同的业务场景，可穿戴设备对网络端到端时延、数据速率都有不同的要求，可穿戴设备的网络指标要求见表3-20。

表3-20 可穿戴设备的网络指标要求

业务场景	端到端时延（ms）	数据速率（Mbit/s）
阶段1：单方向视野，人工辅助	50	>6
阶段2：4方向视野，AI 导航	<20	>30

根据不同的业务场景，无人机对网络上行速率、端到端时延都有不同的要求。无人机的网络指标要求见表3-21。

表3-21 无人机的网络指标要求

业务场景	上行速率（Mbit/s）	端到端时延（ms）
无人机物流	0.6	300
无人机农业植保	2	300
无人机空中高清安防	25	300

云化智能的网络指标要求见表3-22。

表3-22 云化智能的网络指标要求

业务场景	数据速率（Mbit/s）	端到端时延（ms）
云化智能机器人商业服务	0.512	100

自动化垂直领域包括的 5G 应用有智能工厂、智能电网、智能交通工具、智能运输系统和智慧城市，对网络时延、可靠性、设备连接密度、话务量密度、移动速率等都有不同的要求。自动化垂直领域的网络指标要求见表3-23。

表3-23 自动化垂直领域的网络指标要求

	5G 用例	时延（ms）	可靠性	设备连接密度	话务量密度	用户吞吐量	移动速率（km/h）
智能工厂	制造单元	5	10^{-9}	$0.33 \sim 3/m^2$			<30
	机床	0.5	10^{-9}	$0.33 \sim 3/m^2$			<30
	印刷机	2	10^{-9}	$0.33 \sim 3/m^2$			<30
	包装机	1	10^{-9}	$0.33 \sim 3/m^2$			<30
	合作运动控制	1	10^{-9}	$0.33 \sim 3/m^2$			<30
	视频可控的远程控制	10 ~ 100	10^{-9}	$0.33 \sim 3/m^2$			<30
	电配机器人或铣床	43563	10^{-9}	$0.33 \sim 3/m^2$			<30
	移动式起重机	12	10^{-9}	$0.33 \sim 3/m^2$			<30

（续表）

5G 用例		时延 （ms）	可靠性	设备连接 密度	话务量密度	用户吞吐量	移动速率 （km/h）
智能电网	过程自动化－监控	50	10^{-3}	10000/车间	10Gbit/s/km²	1Mbit/s	＜5
	过程自动化－远程控制	50	10^{-5}	1000/km²	100Gbit/s/km²	＜100Mbit/s	＜5
	配电－中压	25	10^{-5}	1000/km²	10Gbit/s/km²	10Mbit/s	0
	配电－高电压	5	10^{-6}	1000/km²	100Gbit/s/km²	10Mbit/s	0
智能交通工具	自动驾驶	5	10^{-5}	500～3000/km²		0.1～29Mbit/s	城市＜100，高速路＜500
	碰撞警告	10	$10^{-5}～10^{-3}$	500～3000/km²		0.1～29Mbit/s	城市＜100，高速路＜500
	高速列车	10		1000/列车	12.5～25Gbit/s/列车	25～50Mbit/s	＜500
智能运输系统	城市道路安全	10～100	$10^{-5}～10^{-3}$	3000/km²	10Gbit/s/km²	10Mbit/s	＜100
	道路安全高速公路	10～100	$10^{-5}～10^{-3}$	500/km²	10Gbit/s/km²	10Mbit/s	＜500
	城市交叉口	＜100	10^{-5}	3000/km²	10Gbit/s/km²	10Mbit/s	＜50
	交通故事	＜100	10^{-3}	3000/km²	10Gbit/s/km²	10Mbit/s	＜500
	交通堵塞	8			480Gbit/s/km²	20～100Mbit/s	
智慧城市	大型户外活动		10^{-2}	4/m²	900Gbit/s/km²	30Mbit/s	
	大型购物中心		10^{-2}			60～300Mbit/s	
	体育场		10^{-2}	4/m²	0.1～10Mbit/s/m²	0.3～20Mbit/s	
	交集的城市			200000/km²	700Gbit/s/km²	60～300Mbit/s	
	媒体点播	200～5000	TBC	4000/km²	60Gbit/s/km²	15Mbit/s	

3.4 移动网络规划流程

3.4.1 共建共享网络规划流程

共建共享网络规划流程：双方共同确认覆盖需求，并根据双方共同完成的网络现状覆盖评估结果，以承建方为主编制规划方案，共享方确认。共建共享网络规划流程如图 3-8 所示。

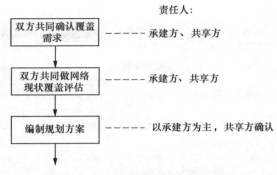

图3-8 共建共享网络规划流程

3.4.2 无线目标网规划流程

无线目标网规划流程如图 3-9 所示。

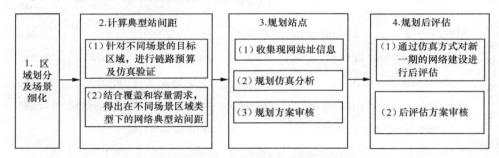

图3-9 无线目标网规划流程

3.4.3 划分区域类型

根据无线传播环境，目标区域可以划分为密集市区、普通市区、县城、乡镇、农村等，通过电测和实际现网路测两种方式进行模式调校，得到划分区域的传播模型。各地市区域划分情况可以延续之前的区域划分。

3.4.4 计算各种区域类型的典型站间距

针对不同场景的目标区域可以进行链路预算及仿真验证，同时考虑覆盖需求和容量需求，得出在不同场景区域类型下的网络典型站间距，并结合现网路测和仿真进行验证。

由于各个区域内地形、建筑物的多样性，在实际规划中，区域实际所需的拓扑结构不是理想的蜂窝结构，上述计算得出的网络典型站间距主要作为参考值。

3.4.5　规划站点

3.4.5.1　站址资源信息整理

站址资源信息整理的内容主要包括站址经纬度、天线挂高、站间距、配套情况以及周边其他运营商站点的情况。

3.4.5.2　规划仿真分析

以簇为单位，利用规划站点清单进行仿真分析（仿真工程参数采用该区域对应的建筑物高度，方向角及下倾角采用常规配置），核查仿真结果是否能满足网络的覆盖要求。

仿真要求进行平面仿真，对重点区域要逐步推广立体仿真。

3.4.5.3　仿真输出结果

完成规划后，输出规划站点清单、仿真报告以及规划方案报告。

3.4.5.4　基于现网大数据的网络覆盖预测

在与现网 1∶1 组网部署下可基于大数据进行网络覆盖预测，方法详见 3.2.1.2 节。

3.4.5.5　规划方案会审

完成规划后，规划建设团队需要输出 Atoll 工程文件（包括工程参数、天线文件、业务模型、仿真结果等全套仿真文件）和规划方案报告，规划专家团队审核规划方案。规划方案审核流程如图 3-10 所示。

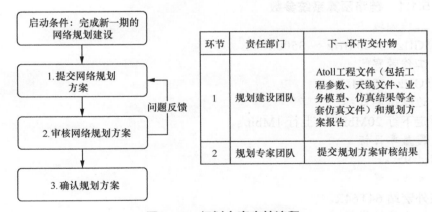

图3-10　规划方案审核流程

3.4.6　规划后评估方案审核

完成新一期的网络规划建设，规划建设团队需要输出规划后评估方案（报告）、新一期台账、Atoll 工程文件（包括准确的工程参数、天线文件、业务模型等全套仿真文件），规划专家团队审核确认规划后评估方案。规划后评估方案审核流程如图 3-11 所示。

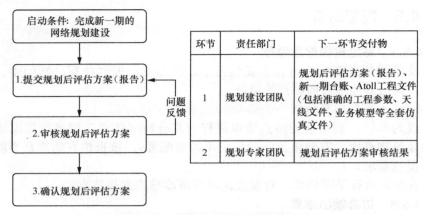

图3-11 规划后评估方案审核流程

🖥 | 3.5 5G 覆盖和容量规划示例

3.5.1 覆盖规划示例

3.5.1.1 链路预算系统参数

1. 工作频段

3.5GHz：3400MHz ~ 3500MHz。

2. 工作带宽

3.5GHz：100MHz。

3. 边缘速率目标

暂定下行 20Mbit/s，上行 1Mbit/s。

4. 覆盖率目标

市区 95%。

5. 天线配置

室外宏站 64T64R。

6. 无线传播模型

5G UMa 传播模型。

3.5.1.2 链路预算示例

暂选取上行边缘速率为 1Mbit/s，下行边缘速率为 20Mbit/s，NR 为上行受限，考察 PUSCH 的链路预算。

不考虑穿透最大允许路径损耗（Maximum Allowable Path Loss，MAPL）约为140.4dB。考虑穿透损耗密集市区的 MAPL 约为 115.4dB，普通市区的 MAPL 约为 118.4dB。

与传统的定向天线相比，Massive MIMO 对室内覆盖带有波束赋形增益，后续根据实际测试结论修正相关链路的预算结果。

3.5GHz NR链路预算示例见表 3-24。

表3-24 3.5GHz NR链路预算示例

场景	密集市区	普通市区
上 / 下行（信道）	PUSCH	PUSCH
应用场景	eMBB 64TR	eMBB 64TR
系统带宽（MHz）	100	100
单 RB 带宽（kHz）	360	360
时隙配置（DL：UL）	70：30	70：30
边缘速率（Mbit/s）	1	1
MIMO 流数	1	1
PRB 分配数量	48	48
发射机		
最大发射功率（dBm）	26	26
每 RB 发射功率（dBm）	9.2	9.2
天线增益（dBi）	0	0
发射机端馈线损耗（dB）	0	0
每 RB EIRP（dBm）	9.2	9.2
接收机		
SINR（dB）	−4	−4
接收机噪声系数（dB）	3.5	3.5
每 RB 波热噪声（dBm）	−114.9	−114.9
接收机灵敏度（dBm）	−118.9	−118.9
接收天线增益（dBi）	24	24
接收机端馈线损耗（dB）	0	0
干扰余量（dB）	3	3
天线端口处每 RB 最小接收电平（dBm）	−139.9	−139.9
MCL（dB）	149.1	149.1
路损 & 小区半径		
穿透损耗（dB）	25	22
阴影衰落余量（dB）	8.7	8.7
不考虑穿损的最大允许路径损耗（MAPL）（dB）	140.4	140.4
考虑穿损的最大允许路径损耗（MAPL）（dB）	115.4	118.4

3.5.2 容量规划示例

3.5.2.1 容量规划流程

容量规划需要与覆盖规划相结合，最终结果同时满足覆盖与容量的需求。容量规划除业务能力外，还需要综合考虑信令的各种无线空口资源。

容量规划首先必须满足覆盖要求，NR 建设初期以覆盖目标为主，分布建站，后期逐步提升系统容量。

容量规划流程示意如图 3-12 所示。

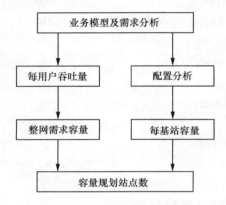

图3-12 容量规划流程示意

3.5.2.2 NR 小区容量分析

有源天线单元（Active Antenna Unit，AAU）（64T64R）小区容量分析示例见表 3-25。

表3-25 AAU（64T64R）小区容量分析示例

	单用户平均吞吐量（Mbit/s）	小区极限容量（Mbit/s）	单用户峰值速率（Mbit/s）
下行（64T64R）	579	5732	1433
上行（64T64R）	74	1177	294

3.6 针对企业用户的规划方法

3.6.1 整体规划流程

针对行业用户的整体规划流程如图 3-13 所示，整体规划流程分为 3 个步骤。

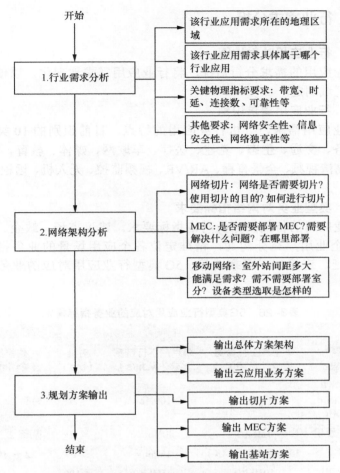

图3-13 针对行业用户的整体规划流程

1. 分析行业需求

识别行业应用需求，目前识别出 10 类典型的行业应用。分析行业应用的特点，行业应用的特点可以是用户对带宽、时延、连接数、可靠性等关键物理指标的要求，同时分析用户对边缘计算、网络切片、行业信息化应用的需求程度，为下一步分析网络架构奠定基础。

2. 分析网络架构

制定端—管—云—用方案，核心点在业务应用、网络切片、MEC、移动网络等。

3. 输出规划方案

输出总体方案架构、云应用业务方案、切片方案、MEC 方案和基站方案。

3.6.2　行业需求分析

3.6.2.1　行业应用映射地图

根据行业应用的需求分析情况，将行业应用需求地理化，以便完成面向企业端的规划区域制定。

3.6.2.2　行业应用需求识别

识别行业应用需求，分析行业应用的特点。目前识别的 10 类典型的行业应用包括警务、交通、生态、党建、医疗、车联网、媒体、教育、旅游和制造，业务涉及超高清视频、全景直播、AR/VR、视频监控、无人机、远程控制机器人、机械臂等。

3.6.2.3　典型业务对网络指标要求

根据行业应用的特点，分析网络指标要求。建议市场、政企、规划部门协同参与，与企业用户充分沟通，精准定位各个应用场景的业务指标要求，包括带宽、时延、连接数、可靠性等。5G 典型行业应用对应的业务指标需求见表 3-26。

表3-26　5G典型行业应用对应的业务指标需求

5G 场景	分类	通信需求				
		单用户上行带宽需求（Mbit/s）	单用户下行带宽需求（Mbit/s）	时延（ms）	连接数（个 /km²）	可靠性
eMBB	VR/AR（Cloud VR/MR）	>5Mbit/s	>100Mbit/s	<5	局部 2～100	中
	家庭娱乐	1Mbit/s	30Mbit/s	<10	局部 2～50	低
	全景直播	30～40Mbit/s(4K)	1Mbit/s	<10	2～100	低
	工业相机	50Mbit/s	1.5Mbit/s	<100	2～100	低
uRLLC	无人机	>40Mbit/s（4K）	>40Mbit/s（4K）	毫秒级	2～100	中
	车联网（自动驾驶）	<1Mbit/s	<1Mbit/s	<10	2～50	高
	智慧医疗	10Mbit/s（1080P）50Mbit/s（4K）	10Mbit/s（1080P）50Mbit/s（4K）	<10	局部 10～1000	高
	远程操控	<1Mbit/s	<1Mbit/s	5～100	局部百～万级	高
mMTC	智慧城市	bit/s 级	bit/s 级	<20	百万～千万级	中
	智慧农业	bit/s 级	bit/s 级	<10	千～百万级	中

3.6.3　网络架构分析

网络架构分析：制定端—管—云—用方案，核心点在业务应用、网络切片、

MEC、移动网络等。

3.6.3.1 端—管—云—用的总体架构

端—管—云—用的总体架构方案参见表 3-27。

表3-27 端—管—云—用的总体架构方案

	规划思路
端	根据行业应用的特点，提供多样化终端类型，包括行业终端、传感器、芯片模组等
管	对标行业应用的需求，做好无线网、承载网、核心网的管道建设，以满足网络指标要求。根据业务场景，按需就近部署 MEC，按需定制网络切片服务
云	为用户提供开放、便捷的云平台，负责安全认证、赋能应用、连接管理、云设施及服务等。以天翼云为载体，可将私有云与公有云相结合，按需部署
用	为用户提供多种应用界面和应用服务，打造多行业解决方案

3.6.3.2 网络架构规划的核心点

在端—管—云—用的总体架构里，规划的核心点是业务应用、网络切片、MEC 和移动网络。网络架构规划的核心点见表 3-28。

表3-28 网络架构规划的核心点

	规划要点
业务应用	典型业务应用包括超高清视频、360° 全景直播、AR/VR、视频监控、无人机、机器人实时控制等，业务应用要根据与用户的实际沟通情况确定
网络切片	切片能将 5G 网络切出多张虚拟网络，从而支持多种业务。切片为企业可管、可控、按需分配网络，端到端按需定制网络并保持彼此隔离。切片颗粒度大小建议适中，具体与用户协商确定
MEC	MEC 将内容业务部署靠近网络边缘，提升用户体验，例如，低时延业务等，节省带宽资源。主要针对本地化、低时延和高带宽要求的业务，例如，移动办公、车联网、4K/8K 视频等。时延或本地分流指标达到一定门限时，建议部署 MEC，具体指标门限可与用户协商确定
移动网络	移动网络规划需要满足行业用户带宽、时延、连接数、可靠性的要求，具体涉及室外站间距规划、室分规划、站点设备类型选取等

3.6.4 规划方案输出指引

输出总体方案架构、输出云应用业务方案、输出切片方案、输出 MEC 方案和输出基站方案，与云应用需求相关的具体内容可与用户磋商确定。

3.6.4.1 输出总体方案架构

总体方案架构如图 3-14 所示，需要根据项目的实际情况，更新完成方案架构。

3.6.4.2 输出具体方案

输出具体方案主要包括云应用业务方案、MEC 方案、切片方案和基站方案 4 个方面的内容。输出方案的要点见表 3-29。

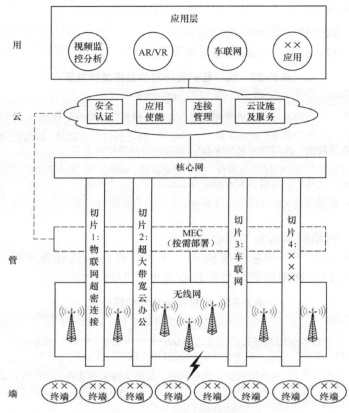

图3-14　总体方案架构

表3-29　输出方案的要点

	方案要点
云应用业务方案	支持××业务应用，运用××类型的云，云上支持数据存储、连接管理、××等增值业务
MEC方案	不需要MEC或需要部署××个边缘计算服务器，分别位于××位置，以解决××问题
切片方案	不需要切片或需要定制××个端到端的切片网络，××切片实现的功能是××
基站方案	需要规划××个室外站，设备类型××，站间距××；需要规划××个室分，设备类型××

3.7　针对企业用户的规划案例（某企业5G试点规划）

3.7.1　行业需求分析

随着工业互联网的发展，机器视觉的需求也相应大幅增长。在智能工厂里，相机成为机器的眼睛，会产生海量的数据，每部相机每秒可产生约 10GB 的数据。这些数据可用于质量检测、施工监控、事故预防、智能调度、智能零售、智能安防等。

某企业是制造型企业，本次试点的主要应用场景为工业相机（视频质检）、工业实时控制（改造酷卡机器人，加装 5G 通信模块，实现人与机器的交互，远程操作机械臂）。

各类业务对网络的性能要求并不相同，承载交互类业务的网络需要具备高传输速率的能力，承载控制类业务的网络需要具备低时延、高可靠、高同步精度的能力。工业相机强调网络大带宽的性能，带宽要求超过 1Gbit/s。工业实时控制则对时延要求极高，时延指标为 5ms ～ 100ms。指标要求见表 3-30。

表3-30 指标要求

应用	实现方式	应用场景	带宽	时延	连接数	可靠性
工业相机	生产过程中产品质量、物料识别等图像识别检测	质量检验，车间生产巡检，装配，数字孪生	1Gbit/s ～ 10Gbit/s	<100ms	2 ～ 100	低
工业实时控制	通过无线网络实现工业设备的实时控制和相互协调，实现可编程逻辑控制器（Programer Logic Controller，PLC）/远程终端设备（Remote Terminal Unit，RTU）等无线承载	生产车间设备，机器人等	kbit/s 级	5ms ～ 100ms	局部百～万级	高

3.7.2 网络架构分析

为某企业制定的端—管—云—用方案见表 3-31。

表3-31 为某企业制定的端—管—云—用方案

	规划思路
端	• 视频监控：采用摄像头、无人机采集监控视频，通过用户前置设备（Customer Premise Equipment，CPE）上传至 5G 网络 • 实时控制：改造酷卡机器人，加装 5G 通信模块，实现人与机器交互，远程操作机械臂
管	• 切片：视频监控属于 eMBB 业务，实时控制属于 uRLLC 业务，分别针对每种业务定制一个端到端的切片网络来实现 • MEC：由于监控数据属于企业内部的数据，企业要求数据本地化，不要出园区，所以需要部署 MEC • 移动网络：第一阶段实现室外 5G 连续覆盖，第二阶段实现室内 5G 连续覆盖
云	• 虽然视频监控业务能接入企业现有的视频监控平台，但需要确定现有的监控平台的接入规范，后期需要提供实时控制管理的云平台
用	• 前期支持工厂流水线区视频质检，后期支持智能工业实时控制等应用

3.7.3 制作规划方案

3.7.3.1 输出总体方案架构

为某企业输出的总体方案架构如图 3-15 所示。

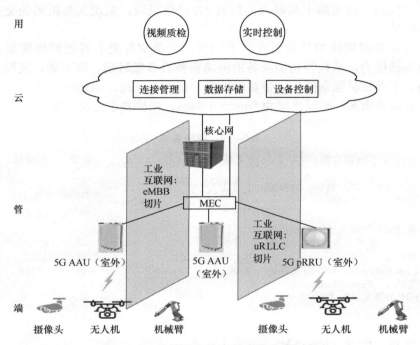

图3-15 为某企业输出的总体方案架构

3.7.3.2 输出具体方案

为某企业输出的端—管—云—用方案见表 3-32。

表3-32 为某企业输出的端—管—云—用方案

	方案
业务	● 支持视频质检业务、实时控制业务
切片	● 需要定制 2 个端到端的切片网络，分别用于视频质检 eMBB 业务和工业实时控制 uRLLC 业务。后续若存在智能抄表等 mMTC 业务，也为 mMTC 业务分配切片
MEC	● 需要部署 1 个 MEC，就近部署在企业园区，以解决企业流水线监控数据不出园区
基站方案	● 需要规划 3 个室外站，设备类型 AAU5613，站间距 300m 左右 ● 需要规划 27 个室分头端，设备类型 pRRU5936

1. 基站方案：室外站

第一阶段室外 5G 连续覆盖：在周边原有 4G 站址的基础上，新建 5G 宏站。

2. 基站方案: 室分

第二阶段室内 5G 深度覆盖。

（1）室分建设区域：根据试点需求，在厂房内部署 5G 室内分布系统，拟对总装三分厂 1 楼及钣金分厂 2 楼单层厂房全覆盖。

（2）室分设计及规模：通过现场模拟测试，已完成室分规划设计，共计需 26 个 pRRU 和 7 个 HUB。

5G 网络高精度仿真流程与方法

4.1 5G 仿真概述

4.1.1 仿真原理及作用

仿真是通过仿真软件，使用数字地图、基站工程参数、测试数据建立网络模型，通过系统的模拟运算得出网络覆盖预测、干扰预测及容量评估结果。仿真主要应用于网络规划、建设、优化阶段的网络性能预测和趋势预测，为网络规划、建设和优化提供参考。

5G 仿真的核心是通过对 Massive MIMO 的波束赋形进行 3D 建模，导入波束的方向图，计算相关的路损，评估出最小路径的波束，模拟 5G 的波束选择，因此 5G 仿真相对于 4G，对地图和运算精度的要求更高，仿真的运算量更大。

目前，5G 终端分为 NSA 终端和 SA 终端，其中 NSA 终端一般为 1T4R，SA 终端为 2T4R，单端口的发射功率为 23dBm。另外，需要注意的是，5G 在 3.5GHz 频段是 TDD 制式，需要根据运营商的要求配置上 / 下行时隙。

2018 年年底，福尔斯克（Forsk）公司推出了 5G 仿真模块，基于仿真性能、操作界面友好等因素，其研发的无线网络仿真软件 Atoll 应用较为广泛，且通过实际应用验证，仿真效果具有良好的参考性。下面以 Atoll 软件为例，介绍 5G 仿真的方法和流程。

4.1.2 仿真的局限性

仿真输入参数的准确性直接影响仿真的结果，只有当输入参数与网络实际情况一致时，仿真结果才能接近实际情况，才能真正指导实际网络的规划、建设和优化工作。为了准确地反映网络的实际情况，必须通过勘察、测试等现场工作获取基站天线可安装位置、高度、方向、下倾的工程参数以及网络的实际数据。因此，充分的现场工作是网络仿真的基础。

此外，由于现实环境和网络的复杂性，仿真均是通过对现实环境和网络简化建模实现的，建模过程中必然产生误差。建模过程中产生的误差主要来源于以下 3 个方面。

（1）传播模型：由于无线传播机制的复杂性，传播模型均是对实际电波传播的简化数学描述，目前使用最广泛的统计性模型，包括标准传播模型（Standard

Propergation Model，SPM）以及确定性模型，例如，CrossWave。实践案例显示当模型校正后，均值误差要求在 1dB 以内，均方根误差为 6dB ～ 12dB。此外，电波实际的室内传播与建筑结构、材料等密切相关，但仿真工具一般仅能采用线性损耗或穿透损耗作为室内传播模型的参数。此外，由于入户测试困难，室内覆盖预测的参考性较低。

（2）地图：目前仿真使用的地图并不包含建筑室内结构、植被情况、建筑小型附属物（例如，广告牌）等信息，对预测精度也有一定的影响。

（3）业务分布及业务模型：业务分布及业务模型需要建立在对大量的用户数据进行分析的基础上。在 5G 网络建设初期，用户的业务使用习惯和使用规律均缺乏数据支持。此外，经过各种引导和使用时间的积累，用户的业务使用习惯或规律会不断变化。

仿真是按照最小化均方根误差的原则进行的，因此，仿真宏观、全局结果的可信度高于微观、局部结果的可信度。仿真结果具有较强的参考价值，但不能完全依赖仿真。在网络建设的过程中，要根据用户投诉和用户感知数据、网管数据、路测数据、室内拨测数据、现场勘查数据等综合评估网络的质量和用户感知。只有将仿真和实际情况结合分析，才能更好地指导网络的规划、建设和优化工作。

4.2　仿真的操作流程及方法

4.2.1　仿真的操作步骤

仿真的操作流程如图 4-1 所示。

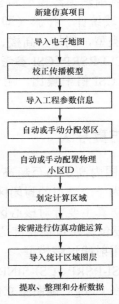

图4-1　仿真的操作流程

4.2.2　传播模型及校正

仿真软件的预测主要是使用特定的传播模型计算出路损矩阵，然后通过路损矩阵计算出天线口到预测点的路径损耗，从而得到每个位置的场强、干扰等预测结果。路损矩阵与真实情况的吻合程度会影响仿真的精确性，因此传播模型的选择对预测结果的影响较大。目前常用的模型是统计性模型（例如，SPM）和确定性模型（例如，CrossWave）。

5G 仿真建议采用 CrossWave 传播模型，尤其在城市核心区域结合 5m 地图，通过建筑矢量（Building Vector）图层生成图表文件，主要适用于城市微蜂窝环境，满足 5G 仿真需求。

传播模型可以通过仿真软件附加的测量模块进行模型校正。通过对密集区域、一般区域、开阔区域分别进行连续波（Continous Wave，CW）测试，获取多组 CW 数据。将 CW 数据导入测量模块进行传播模型校正。为保证性能预测的准确性，在使用统计性模型和确定性模型之前均需要经过模型校正。

4.2.3　全网仿真方法

利用仿真预测区域范围内建筑物内部、道路、开阔地面的网络覆盖情况，这是业界普遍使用的全网仿真方法。

（1）地图可选精度包括 50m、20m 和 5m。

（2）仿真计算模型主要包括射线追踪模型和 SPM。

（3）统计方式包括按全区域统计、按簇（即自定义的多边形）统计、按地物类型（即地图中不同的地物类型，例如，高楼、平房、水系、森林等）统计。

（4）5G 主要网络指标有 CSI-RSRP（CSI 参考信号接收功率，用于衡量预测位置的电平强度）、CSI-SINR（CSI 信干噪比，用于衡量预测位置的干扰程度）、上行吞吐量及下行吞吐量等。

4.2.4　三维立体室内仿真方法

此方法可实现预测区域范围内高层乃至超高层建筑物内部各层的网络信号情况。将建筑物内部各楼层作为一个平坦的封闭区域，考虑外部信号穿透衰减后计算预测网络的覆盖情况。该仿真主要针对核心区域的楼宇进行立体覆盖评估。

（1）精度为 5m 的地图需要包含建筑物高度信息和建筑物矢量数据。

（2）仿真计算模型需要采用射线追踪模型。

（3）5G 主要网络指标有 CSI-RSRP、CSI-SINR、上行吞吐量及下行吞吐量等。

（4）三维立体仿真主要是在 Google 地图中立体呈现，一般不进行数据统计。由于小区域内的数据量非常庞大，目前业界只将其用作小区域内的三维成像分析。

4.3 仿真的关键参数设置

4.3.1 设置坐标系统

在 Coordinates 页中设置投影系统和显示系统。建议坐标系统统一按地图设置。设置坐标系统如图 4-2 所示。

图4-2 设置坐标系统

4.3.2 Transmitters 参数表配置

（1）Transmitter Type：默认设置为 Intra-network（Server and Interferer）即可，代表该扇区为网络的有效服务扇区；如果设置为 Inter-network（Interferer Only），则该扇区相当于外部网络的扇区，只能作为干扰源存在。该参数不能为空。

（2）Antenna：扇区所用天线的类型，可选择天线库中已导入的天线（Parameters → Radio Network Equipment → Antennas）。5G 采用 3D Beamforming，设置 control 和 traffic channel 的波束方向图，建议设置为 32 个波束的 CSI 方向图。

（3）Height、Azimuth、Mechanical Downtilt：扇区基础工程参数，分别代表天线挂高、方向角、机械下倾角等。

（4）Main Propagation Model：主要传播模型，是计算路损时所使用的传播模型类型。为得到更合理的预测仿真结果，无论使用何种模型，建议在计算路损前先进行模型校正。

（5）Main Calculation Radius：传播模型对应的路损计算半径，可根据站点所在地理位置及工程参数等信息配置，该参数会直接决定计算扇区路损（信号）的最远距离。建议城区设置为 2000m。

（6）Main Resolution：主要的路损计算精度，即计算路损的最小刻度，建议与地图的精度保持一致。

（7）Transmission Losses、Reception Losses：分别代表发射损耗和接收损耗，5G 采用 AAU，不考虑馈线损坏，默认设置为 0dB。

（8）Noise Figure：基站主设备的噪声系数，一般取值为 5dB ～ 7dB。该参数会直接影响上行信道的 $C/(I+N)$ 或 SINR 的计算，即作为噪声或干扰考虑在分母 $I+N$ 中。建议结合现网仿真需要进行相应的选择设置。

（9）Number of Transmission Antenna Ports、Number of Reception Antenna Ports：分别代表基站侧扇区的发射和接收 MIMO 端口数，该端口为逻辑端口。建议结合现网仿真需要或设备厂商配置进行相应的设置选择。对于 64T64R，采用 4 行 8 列 192 阵子，32 组双极化阵子，同极化阵子构成 Beamforming（采用 3D Beamforming），因此波束赋形后相当于有 2 个天线端口，通过计算选择最强的波束为所在点服务。

（10）Beamforming Model：5G NR 采用 Massive MIMO，因此需要选择预先设置好的 Beamforming Model。方向图由设备厂家提供，在 3D Beamforming 设置目录的 Beams 中导入水平面和垂直面的方向图，并选择相应的 Model 名称，在 Model 中设置相关参数。在 Beams 中导入天线水平面和垂直面如图 4-3 所示，设置天线的发射和接收端口如图 4-4 所示。

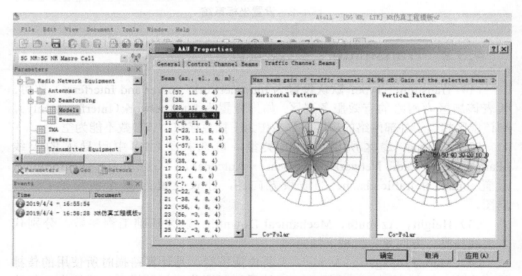

图4-3　在Beams中导入天线水平面和垂直面

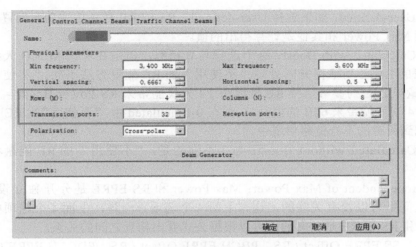

图4-4 设置天线的发射和接收端口

4.3.3 Cells 参数表配置

（1）Frequency Band、Channel Number：定义小区的频段及频点号。由于频段的高低会直接影响信号电平的传播损耗。默认已根据 3GPP 协议将规范中定义的部分频段输入至 Bands 表中，中国电信使用 3.5GHz 频段 3400MHz ～ 3500MHz，建议根据实际的使用频段设置。建议各小区频点统一使用默认值。

（2）Physical Cell ID、PSS ID、SSS ID：Physical Cell ID 为小区的物理小区 ID 号，即 PCI 值，PSS ID 和 SSS ID 是根据 PCI = PSS ID + 3×SSS ID 规则自动换算而得的，所以默认不可编辑。Cell 表中的 PCI 值在未设置时缺省为 0，考虑到 PCI 会直接决定 RS shift 的位置，即直接影响了各小区间 RS 与 RE 之间的冲突，以及不同负载下 PDSCH 与 RS 等信道的 RE 冲突的概率，所以在计算 RS $C/(I+N)$ 或者 PDSCH $C/(I+N)$ 等与干扰有关的指标时，使用自动频率规划（Automatic Frequency Planning，AFP）模块自动分配 PCI。

（3）Max Power、RS EPRE per Antenna Port：Max Power 为扇区的最大发射功率，RS EPRE 为每个天线口出来的 RS 单 RE 的功率值。软件有 5 种方式设置这两个参数（建议选择 Calculated with Boost）。由于在固定的带宽及单帧下各信道的 RE 总个数是恒定的，默认会根据 Max Power 及其他信道 EPRE 相对 RS EPRE 的偏置值，自动计算出 RS EPRE 功率，所以可以看到在缺省状态下 RS EPRE 是不可编辑的。

0-Calculated：即上面的功率计算方法，其中 Max Power，各信道相对 RS 信道的功率偏置是定义值，而 RS EPRE 和 Instantaneous 等功率值是自动计算得出的值。

1-User-defined：如果选择 User-defined，RS EPRE 和各信道功率偏置是定义值，而 Max Power 和其他是计算得出的值。

2-Calculated with Boost：这个选择与 0 相似，但是在考虑 MIMO 天线多端口带来的 Boost 功率提升时处理"不使用"的 RE 能量方法不同。"不使用"的 RE 能量只分配到参考信号 RE 资源中（2 天线能带来 RS Power Boost = 3dB 的提升，4 天线能带来 6dB 的提升）。而在 0-Calculated 中，"不使用"的 RE 能量平均分配到所有的下行链路信道中。

3-Calculated without Boost：与 2 不同的是，"不使用"的 RE 能量将被舍弃掉。

4-Independent of Max Power：Max Power 和 RS EPRE 是分开独立设置的，彼此之间是可以没有关联的，这与上面 4 个选项不一样，上面 4 个选项中 Max Power 和 RS EPRE 是关联的，可以根据公式看出相互之间的关系。

（4）SS EPRE Offset / RS、PBCH EPRE Offset / RS、PDCCH EPRE Offset / RS、PDSCH EPRE Offset / RS：4 个参数分别用于设置 SS、PBCH、PDCCH、PDSCH 信道相对 RS 信道单 RE 的功率偏置。建议使用默认设置。

（5）RS Power、SS Power、PBCH Power、PDCCH Power、PDSCH Power：分别为 RS、SS、PBCH、PDCCH、PDSCH 信道全带宽下的功率值。由于全带宽下各信道的 RE 个数是相对固定的，所以信道的全带宽功率会自动由 EPRE 功率换算得到，即默认不需要配置。

（6）Min RSRP：RSRP 的最低门限，即允许用户接入小区的最低电平门限值。如果该值设置过高，可能会限制小区业务接入的有效覆盖范围。建议将该值设置得足够小，例如，设置为-130dB。

（7）Reception Equipment：用于设置基站侧的 Cell Equipment 类型，可选设置的属性在 Parameters → Radio Network Settings → Reception Equipment 中配置。在 Default Cell Equipment 中默认定义了上行承载解调门限、分集增益、SU-MIMO 增益等参数，这些门限值会直接影响上行承载、上行吞吐率等预测计算。建议统一使用默认值。

（8）Scheduler：调度算法的配置，用于小区进行承载选择和资源分配，会影响上行覆盖预测等结果。默认在 Schedulers 表中定义了 Max C/I、Proportional Demand、Proportional Fair、Round Robin 4 种调度算法。建议统一使用默认值。

（9）Diversity Support（DL）、Diversity Support（UL）：设置上 / 下行支持的 MIMO 方式。对于下行，可选择 Receive Diversity、SU-MIMO，或者自适应 MIMO 方式 AMS。建议结合现网仿真需要选择相应的设置。

（10）MU-MIMO Capacity Gain：MU-MIMO 的上行容量增益。若上行 MIMO 方式设置为 MU-MIMO，则在计算上行吞吐率的覆盖预测时，会乘以该增益。建议结合现网仿真需要选择相应的设置，例如，设置为 1 ~ 2。

（11）Traffic Load（DL）、Traffic Load（UL）：小区上 / 下行负载，相当于 RB 资源的利用情况。LTE 小区内下行干扰主要来自相邻小区，且临近小区的负载越高，对本小区的干扰越严重，所以下行 Traffic Load（DL）会直接影响 RS SINR 或 PDSCH SINR 等指标的计算。建议结合仿真输出的要求选择相应的设置，例如，设置 50% 负载。

（12）UL Noise Rise：小区上行底噪抬高量，考虑到 LTE 同小区下所有用户上行是频分的，不存在用户间干扰，小区的上行底噪主要来自于其他小区用户上行的信号干扰，而用户的远近、对 RB 资源的消耗的不同，对临近小区产生的噪声影响也是不同的，故上行 PUSCH SINR 等指标的计算需要直接考虑 UL Noise Rise，而与上行的 Traffic Load（UL）无直接关联。建议设置为 3dB。

（13）Number of Users（DL）、Number of Users（UL）：小区上 / 下行接入用户数。该参数一般取自仿真结果，对上 / 下行 SINR 的覆盖计算无直接影响。但在吞吐率相关预测中，若选择每用户的吞吐率覆盖预测，则 Number of Users 将在计算中被考虑。建议结合仿真输出要求选择相应的设置，例如，设置为 1。

（14）Max Traffic Load（DL）、Max Traffic Load（UL）：用于定义各小区的上 / 下行最大负载量，可影响上 / 下行吞吐率预测中与 Cell Capacity 有关的 Filed 项。建议结合仿真输出要求选择相应的设置，例如，设置为 100。

4.3.4　Clutter Class 属性参数

在 Geo 地图的 Clutter Classes Properties 中的 Description 窗口中，有一系列的参数定义，这些参数在实际覆盖预测计算过程中和模型校正过程中会产生一定的影响。Clutter Class 属性参数如图 4-5 所示。

Code	Name	Height (m)	Indoor Loss (dB)	Model standard deviation (dB)	C/I Standard Deviation (DL) (dB)	SU-MIMO Gain Factor	Additional Diversity Gain (DL) (dB)	Additional Diversity Gain (UL) (dB)
	Default Values			7	7	0	0	0
1	open	0		6	3	0.2	2.7	2.7
3	Inlandwater	0		8	5	0.2	2.7	2.7
4	Residential	0	935 6 2140 6 2620 6	8	5	0.7	1.2	1.2
5	MeanUrban	0	935 9 2140 9 2620 9	8.5	5.5	0.9	0.6	0.6
6	DenseUrban	0	935 12 2140 12 2620 12	9	6	1	0.3	0.3
7	Buildings	0	935 9 2140 9 2620 9	10	7	1	0.3	0.3
8	Village	0	935 3 2140 3 2620 3	9	6	0.2	2.7	2.7
9	Industrial	0	935 6 2140 6 2620 6	9	6	0.5	1.8	1.8
10	OpenInUrban	0		9	6	0.7	1.2	1.2
11	Forest	15	935 3 2140 3 2620 3	8	5	0.8	0.9	0.9
12	Park	8	935 3 2140 3 2620 3	8	5	0.8	0.9	0.9
27	BlockBuildings	0	935 12 2140 12 2620 12	11	8	1	0.3	0.3
28	DenseBlockBuildings (35 m)	0	935 12 2140 12 2620 12	11	8	1	0.3	0.3
40	DenseBlockBuildings (45 m)	0	935 12 2140 12 2620 12	11	8	1	0.3	0.3
203	DenseBlockBuildings (60 m)	0	935 12 2140 12 2620 12	11	8	1	0.3	0.3

图4-5　Clutter Class属性参数

（1）Height：定义各种地物的平均高度。若 Geo 地图中已经包含 Clutter Height

地物高度地图，可不设置该属性项。

（2）Indoor Loss：定义每种地物的 Indoor Loss 值。建议在使用射线追踪模型时，不需要设置此参数。

（3）Model Standard Deviation：模型标准差。根据阴影衰弱余量的计算原理，该标准差会结合覆盖预测中设定的 Cell Edge Coverage Probability（边缘覆盖概率）得到接收信号的阴影衰落余量值。在覆盖预测中只有勾选了"Shadowing taken into account"，阴影衰落余量才会在计算中被考虑。建议结合仿真输出要求选择相应的设置，一般设置为 6dB ～ 11dB。

（4）C/I Standard Deviation（DL）：C/I 标准差。与 Model Standard Deviation 类似，在计算下行 $C/(I+N)$ 相关覆盖预测的过程中，若勾选了"Shadowing taken into account"，则在计算结果中将减去由该标准差和边缘覆盖概率计算得到的阴影衰落余量。建议结合仿真输出要求进行相应的设置选择。

（5）Additional Diversity Gain（DL）、Additional Diversity Gain（UL）：为不同地物设定额外的发射 / 接收分集增益校正值。在相关小区设定了支持发射分集或接收分集的前提下，将在计算下行或上行 $C/(I+N)$ 中叠加相关地物上的 Additional Diversity Gain（增益值）。建议结合仿真输出要求选择相应的设置。

（6）CrossWave Clutter Classes Settings：主要设置各种地物的 TYPE 和 Height。建议为各种地物设置统一的 TYPE 选项。本设置中的 Height 列自动和前面叙述的 Height 设置保持一致，因此不需要设置。

4.3.5　Terminal 属性参数

（1）Noise Figure：建议使用 5dB ～ 8dB。
（2）UE Category：终端类型，建议按照 5 类终端进行设置。
（3）MIMO：SA 终端设置为 2T4R，NSA 终端设置为 1T4R。
（4）发射功率：MAX 功率，设置为 23dBm。

4.3.6　上 / 下行速率预测设置

目前，Atoll 3.4 版本还不支持上 / 下行时隙配比的设置，有待 Forsk 公司开发完善，可通过设置图例转化为核实的比例。按照 2.5ms 双周期，DDDSUDDSUU 设置上 / 下行，S 特殊子帧为 10：2：2，上行占比约 33%，下行占比约 64%。Atoll 仿真得到的是当前位置所有 RB 资源所对应的上行和下行速率，即占比 100% 的速率，可通过换算得到对应的值。

4.3.7　小结

在仿真过程中，主要参数设置总结见表 4-1。

表4-1　主要参数设置

参数类别	项目	设定值	备注
Coordinate Systems	投影系统和显示系统	按地图设置	
Transmitters 扇区表参数	Transmitter Type	默认设置	Intra-network（Server and Interferer）
	Antenna		采样 3D Beamforming
	Height、Azimuth、Mechanical Downtilt	按现网工程参数或设计工程参数设置	其准确性直接影响仿真结果
	Main Propagation Model	射线追踪模型	
	Main Calculation Radius	2000 ～ 4000m	
	Main Resolution	与地图的精度保持一致	
	Transmission Losses、Reception Losses		
	Noise Figure	5dB	
	Number of Transmission Antenna Ports、Number of Reception Antenna Ports	2T2R	64T64R，32 个 port 组成 Beamforming，双极化，因此相当于 2T2R
Cells 表参数	Frequency Band	N78	
	Physical Cell ID、PSS ID、SSS ID	使用 AFP 模块自动分配 PCI	
	Max Power、RS EPRE per Antenna Port	47dBm，17.8dBm	选择 Calculated with Boost
	SS EPRE Offset / RS、PBCH EPRE Offset / RS、PDCCH EPRE Offset / RS、PDSCH EPRE Offset / RS	PDSCH EPRE Offset −3dB	其他默认 0
	Min RSRP	−140dB ～ −120dB	
	Reception Equipment	默认设置	
	Scheduler	默认设置	
	Diversity Support（DL）、Diversity Support（UL）	默认设置	
	MU-MIMO Capacity Gain	默认设置	
	Traffic Load（DL）、Traffic Load（UL）	建议设置 50% 负载	
	UL Noise Rise	3dB	
	Number of Users（DL）、Number of Users（UL）	如设置 1	
	Max Traffic Load（DL）、Max Traffic Load（UL）	100	
	Beamforming Model	设置相应的 3D Beamforming Model	
Clutter Class 属性参数	Model Standard Deviation	默认设置	6dB ～ 11dB
	C/I Standard Deviation（DL）	默认设置	

（续表）

参数类别	项目	设定值	备注
Terminal 属性参数	Noise Figure	默认设置	8dB
	UE Category	5 类终端	
	MIMO	SA：2T4R；NSA：1T2R	

4.4 仿真的输出建议

作为网络规划参考的指引，仿真网络覆盖指标一般有 RSRP、RS-SINR、上行速率、下行速率，以及在结合上述前两个指标得出的 1 个覆盖率比较指标（例如，RSRP ≥ -105dBm 并且 RS SINR ≥ -3dB）。

仿真的输出以目标区域覆盖范围占比数据和目标区域指标截图为主要载体，同时需要规范以下设置。

4.4.1 指标结果图层输出形式

以 PDF、jpg、Google 地图和 Mapinfo 图层为主，建议按使用部门的需求确定输出文件的形式。

4.4.2 仿真结果统计区域

建议由运营商网络发展和运维等部门统一制定区域，明确全市、市区、核心市区等覆盖目标区域。制定路测线路时也应与所制定的区域范围相符，并且测试路线应均匀分布在区域内。统一各地市市区的 Mapinfo 图层、全市 Mapinfo 图层、簇 Mapinfo 图层。

4.4.3 指标结果图层图例

对于 Atoll，如果以仿真结果指导网络的规划设计，建议结果图层的图例应变得较为细致。缩小每个指标的统计区间，增加整体统计区间。

4.4.4 指标结果参数设置

（1）Resolution：可以按地图的精度设置，或直接根据图层显示需要的设置，该精度会影响软件对覆盖预测的运算时间。建议按使用地图最小精度设置，例如，5m 地图采用 5m 精度。指标结果预测精度设置如图 4-6 所示。

（2）Conditions：各项参数的设置。应勾选 Shadowing。使用射线追踪模型时，不勾选 Clutter indoor losses。Shadowing 如图 4-7 所示。

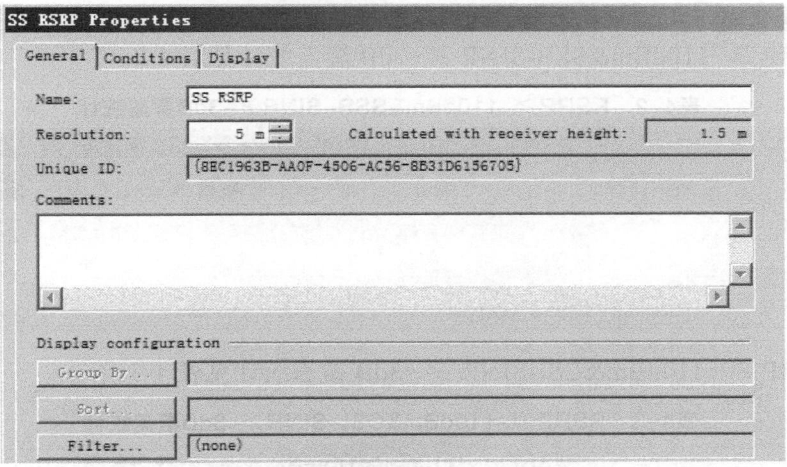

SS RSRP Properties

General | Conditions | Display

Name: SS RSRP

Resolution: 5 m   Calculated with receiver height: 1.5 m

Unique ID: {8EC1963B-AA0F-4506-AC56-8B31D6156705}

Comments:

Display configuration

Group By...

Sort...

Filter...   (none)

图4-6 指标结果预测精度设置

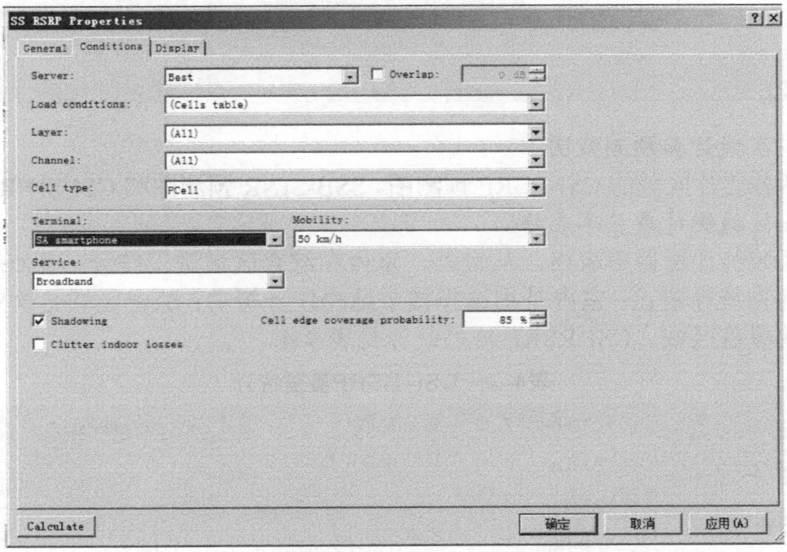

SS RSRP Properties

General | Conditions | Display

Server: Best   Overlap: 0 dB

Load conditions: (Cells table)

Layer: (All)

Channel: (All)

Cell type: PCell

Terminal: Mobility:
SA smartphone   50 km/h

Service:
Broadband

☑ Shadowing   Cell edge coverage probability: 85 %

☐ Clutter indoor losses

Calculate   确定   取消   应用(A)

图4-7 Shadowing

4.4.5 仿真结果数据统计

需要说明的是，与 4G 不同，5G 网络在发展初期应根据实际业务覆盖需求进行规划，不应盲目强调连片覆盖，因此在统计仿真结果时仅统计形成连片覆盖的区域，对于热点覆盖的局部区域应适当调整统计区域的边界，使得仿真统计与目标的有效覆盖区域吻合。

1. 提供以下汇总数据表格

RSRP ≥-110dBm&SSB-SINR ≥-3dB 覆盖统计见表 4-2。

表4-2　RSRP≥-110dBm&SSB-SINR≥-3dB覆盖统计

区域	RSRP ≥ -110dBm&SSB-SINR ≥ -3dB 覆盖率			
	用户体验	综合	室内	室外
区域 1				
区域 2				
总体				

RSRP ≥ -110dBm&CSI-SINR ≥ -3dB 覆盖统计见表 4-3。

表4-3　RSRP≥-110dBm&CSI-SINR≥-3dB覆盖统计

区域	RSRP ≥ -110dBm&CSI-SINR ≥ -3dB 覆盖率			
	用户体验	综合	室内	室外
区域 1				
区域 2				
总体				

2. 各区域仿真预测截图

包括各连片区域的 CSI-RSRP 预测图、SSB-SINR 预测图和 CSI-SINR 预测图。

3. 各区域统计覆盖率表格

各区域统计覆盖率表格，从室外、室内和综合区域进行统计：室外是指选择非楼宇地物统计覆盖；室内是指选择楼宇地物统计覆盖；综合区域是含室外和室内的有效覆盖区域。CSI-RSRP 覆盖统计见表 4-4。

表4-4　CSI-RSRP覆盖统计

		用户体验	综合	室内	室外
RSRP 覆盖率	≥ -80dBm				
	≥ -90dBm				
	≥ -100dBm				
	≥ -110dBm				
平均 RSRP（dBm）					
5% 边缘点 RSRP（dBm）					

另外，按照室内 80% 用户，室外 20% 用户，需要对室外和室内在各等级中的用户数直方图的基础上加权求和得到用户体验的直方图，再根据该直方图折算成用户体验的累积分布。RSRP 累积分布函数（Cumulative Distribution Function，CDF）分布如图 4-8 所示。

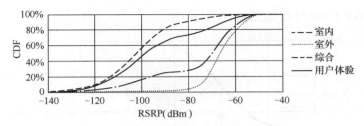

图4-8　RSRP CDF分布

SSB-SINR 覆盖统计见表 4-5。

表4-5　SSB-SINR覆盖统计

		用户体验	综合	室内	室外
SINR 覆盖率	≥ 10dB				
	≥ 5dB				
	≥ 0dB				
	≥ -3dB				
平均 SINR（dB）					
5% 边缘点 SINR（dB）					

SSB-SINR CDF 分布如图 4-9 所示。

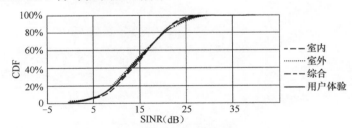

图4-9　SSB-SINR CDF分布

CSI-SINR 覆盖统计见表 4-6。

表4-6　CSI-SINR覆盖统计

		用户体验	综合	室内	室外
SINR 覆盖率	≥ 10dB				
	≥ 5dB				
	≥ 0dB				
	≥ -3dB				
平均 SINR（dB）					
5% 边缘点 SINR（dB）					

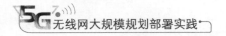
CSI-SINR CDF 分布如图 4-10 所示。

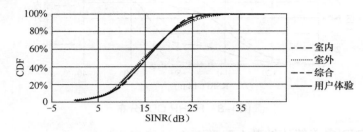

图4-10　CSI-SINR CDF分布

5G 基站及配套设置流程与方法

📖 | 5.1 基站设置指引

网络规划初期主要以宏站建设为主，本章主要介绍宏站相关参数，小站的相关参数后续补充。

对于室内覆盖，在高流量和战略地标室分站点可采用 5G 有源分布系统覆盖。5G 有源分布系统分为单模和双模两种形态，根据不同的建设场景，选择不同的设备方案，具体参见本书第 9 章。

5.1.1 站间距

网络规划初期，根据业务需求，主流网络可参照与 4G 1.8GHz/2.1GHz 1：1 的组网结构，下行边缘速率 20Mbit/s ～ 100Mbit/s，上行边缘速率 1Mbit/s ～ 4Mbit/s 进行网络规划。后继根据业务需求的满足情况、设备性能测试结果、网络部署等情况，对于上行速率需求较高的场景，可试点应用站点加密、载波聚合等方式提高上行边缘速率。主流网络 4G 1.8GHz/2.1GHz 现网典型场景站间距见表 5-1。

表5-1 主流网络4G 1.8GHz/2.1GHz现网典型场景站间距

	密集市区	普通市区	县城	乡镇
4G 现网站间距（m）	350 ～ 450	450 ～ 550	600 ～ 750	700 ～ 950

5.1.2 BBU 集中设置

5.1.2.1 设置原则

结合 BBU 的功耗情况，统筹考虑光缆、机房等基础配套资源条件，因地制宜完成 BBU 的建设。

（1）光缆网络资源较为充足的区域，在能满足 BBU 功耗的情况下，原则上采用 BBU 集中部署方式，BBU 集中部署采用分片相对集中的方式，统一规划、分步实施。

（2）光缆网络资源不足的区域，结合光缆资源和 BBU 功耗的情况，因地制宜，BBU 灵活采用下沉或适度集中的部署方式。

5.1.2.2 部署方式

BBU 集中机房部署的 BBU 数参考业务需求、BBU 功耗的情况、机房条件及光缆的情况确定。因地制宜，分片集中。在资源较为充足的集中机房，可适当提高集中度。

（1）BBU 集中部署采用分片相对集中的方式，根据集中度不同，可考虑"大集中"或"小集中"方式。

（2）综合业务区内的综合业务局站应作为 BBU 大集中点，接入综合业务区内的大部分基站（10 个以上）。BBU 大集中点接入的基站必须位于该综合业务接入区内，不得跨区接入。

（3）综合业务接入区内有接入点机房时，接入点机房应作为 BBU 小集中点，覆盖接入点机房周边 5 ～ 10 个基站；BBU 小集中点与其接入的基站必须在同一个主干光缆环上，不得跨环接入。条件较好的基站机房也可以作为 BBU 小集中点，接入附近的 2 ～ 4 个基站。

按业务需求，以典型站间距模型进行测算，每平方千米 5G 预估站点数量见表 5-2。

表5-2　每平方千米5G预估站点数量

	密集市区 （站/平方千米）	普通市区 （站/平方千米）	县城 （站/平方千米）	乡镇 （站/平方千米）
新增 5G 室分站点数（S111）	8.2	3.4	0.5	0.0
新增 5G 室外站点数（S111）	8.2	4.2	2.5	1.7
新增 5G 站点数（S111）	16.4	7.5	3.0	1.7

测算具体数值可根据此方法，按实际室外站间距和实际的室分站点数量调整。

单机架放置的 5G BBU 数，与 BBU 的站点配置有关。单机柜部署的 BBU 能力（2020 年 1 月厂商设备能力）见表 5-3，不同 BBU 配置下的功耗情况见表 5-4，不同厂商 BBU 设备出风方式见表 5-5。各厂商能力可参考表 5-3、表 5-4 和表 5-5，具体需要考虑安装空间、功耗、散热、机架承重等情况后再确定。

表5-3　单机柜部署的BBU能力（2020年1月厂商设备能力）

	BBU 高度	每机架部署能力（单机架高 42U，BBU 总功耗 ≤ 5kW）
厂商 1	2U	• 单 BBU 配置 1 个 S111 站，最大功耗 500W，最多部署 10 个 • 单 BBU 配置 2 个 S111 站，最大功耗 663W，最多部署 7 个 • 单 BBU 配置 3 个 S111 站，最大功耗 827W，最多部署 6 个
厂商 2	2U	• 单 BBU 配置 1 个 S111 站，最大功耗 600W，最多部署 8 个 • 单 BBU 配置 2 个 S111 站，最大功耗 950W，最多部署 5 个 • 单 BBU 配置 3 个 S111 站，最大功耗 1500W，最多部署 3 个
厂商 3	1U	每 BBU 板重 6.5kg，最大功耗 180W，在机架承重允许的情况下，最大可用 20 块 BBU 板（130kg）

表5–4　不同BBU配置下的功耗情况

单BBU配置	厂商1		厂商2		厂商3	
	典型功耗（W）	最大功耗（W）	典型功耗（W）	最大功耗（W）	典型功耗（W）	最大功耗（W）
1 个站	255	500	315	600	120	180
2 个站	370	663	515	950	–	–
3 个站	510	827	795	1500	–	–
4 个站	640	990	1000	1850	–	–
5 个站	780	1154	1200	2300	–	–
6 个站	890	1318	–	–	–	–

表5–5　不同厂商BBU设备出风方式

	厂商1	厂商2	厂商3
设备出风方式	左进右出	右进左出	前进后出

5.1.2.3　BBU 安装部署建议

在安装 BBU 时，需要关注设备配置、机柜密度、设备安装形式、设备堆叠安装数量、机柜工艺、空调与气流组织、传输设备等方面。安装部署 BBU 的相关建议见表 5-6，BBU 集中安装示意如图 5-1 所示。

表5–6　安装部署BBU的相关建议

	建议
设备配置	目前厂商 1、厂商 2 等厂商的 5G BBU 为插板式，厂商 3 的 5G BBU 为单板式。考虑到设备稳定性及工作温度的控制，一般情况下不建议插板式 BBU 满配
机柜密度	• 考虑到设备散热问题，建议 5G BBU 单机柜功率不超过 4.5kW • 对于条件较困难的小 C-RAN 机房及基站机房，单机柜功率宜控制在 3kW 以内 • 对于条件较好的中、大 C-RAN 机房，单机柜功率可根据该机房 DC 的设置或空调制冷能力的要求，适当做进一步提升
设备安装形式	• 对于侧进侧出风型的设备，建议新建 BBU 集中机柜均采用竖装插框方式；对于利旧机柜空间有限、条件不具备的可横装，但每个机柜内安装数量不超过 2 台，每台功率不宜超过 300W，需安装导流板 • 前进后出风型设备可直接在柜内横装
设备堆叠安装数量	• 单机柜的 BBU 设备堆叠安装一般建议不超过 5 台（1 个竖插框）。厂商 1 的 BBU 在半配情况下可以超过 5 台（2 个竖插框），但一般不建议超过 8 台 • 特殊情况经论证，机房制冷能力、工艺、柜门开孔率均较好，且在采用竖插框的情况下，可超上述数量
机柜工艺	• BBU 机柜需配置侧板，前门和后门建议采用高通透率的柜门，要求通透率至少达到 50%，建议达到 70%，以便设备散热 柜门通透率 = 开孔率 × 开孔区域面积比 =（开孔面积 / 开孔区域面积）×（开孔区域面积 / 柜门总面积） 在维护便利性和安全性较好的 BBU 机房时，可以取消机柜的前后门 • 设备的安装间隙应设置盲板，避免气流不畅时热气回流，影响设备的进风温度 • 设备电源线和信号线应沿机柜立柱部署，整齐绑扎，避免凌乱线缆遮挡设备的进排风通道

（续表）

	建议
空调与气流组织	• 机房气流组织要合理，与机柜形成较好的前后进出风通道 • 空调制冷能力要充裕 • BBU 集中机房空调建议 $N+1$ 配置，数量 ≥ 2 台
传输设备	• 同柜安装的传输设备建议安装在 BBU 设备的下方，减少高温的影响

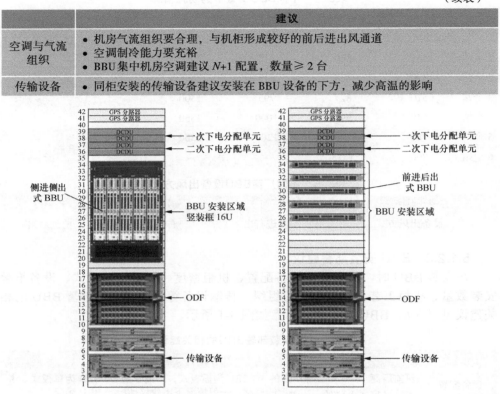

图5-1　BBU集中安装示意

5.1.3　室外站 AAU

5.1.3.1　5G 天线特点

5G 引入 Massive MIMO，旨在增强上行和下行覆盖，提升系统容量。Massive MIMO，又称 Large-scale MIMO，就是在基站端安装几百根天线（128 根、256 根或者更多），从而实现几百根天线同时收发数据。

当前 Massive MIMO 有 64T64R、32T32R、16T16R 等多种通道数天线可选，其区别在于垂直面上分别支持 4 层、2 层和 1 层波束，具备不同的三维 Massive MIMO 性能，相比以往的双极化天线在垂直维度上有更好的覆盖增益。室外 AAU 设备选型建议见表 5-7。

5.1.3.2　天线设置

5G 网络原则上采用新增的独立天馈方案建设，对于现有天面资源不满足的场景，优先采用现有的天线整合、杆塔改造等方式。而场景无法通过新建或改造满足天面需求的，在还没有后续演进产品（AAU 与无源天线一体化）的情况下，可以考虑换址新建。

表5-7 室外AAU设备选型建议

区域类型	设备选型
密集城区	以 3.5GHz 64TR 高配设备为主,2.1GHz 作为上行容量补充及深度覆盖延伸
一般城区	根据网络容量需求和建筑物的高度,灵活选用 3.5GHz 32TR 或 64TR 设备,2.1GHz 作为上行容量补充及深度覆盖延伸
县城、乡镇	以 2.1GHz 低配设备为主,3.5GHz 设备按需作为容量需求补充

对于存在天线美化需求的场景,可参考本书第 8 章。

(1)直接新增 / 改造后的新增 5G 独立天馈如图 5-2 所示。

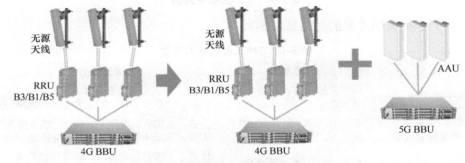

图5-2 直接新增/改造后的新增5G独立天馈

(2)天线整合后新增 5G 独立天馈如图 5-3 所示。针对不具备新增 5G 天馈条件和原有多套天线的情况,建议整合 4G 天线为多频天线,空余出的抱杆用于新增 5G 独立天线。在进行天线整合时,为避免对已有网络造成影响,需要优先保证 4G 网络的质量,加强整合后的网络优化工作。

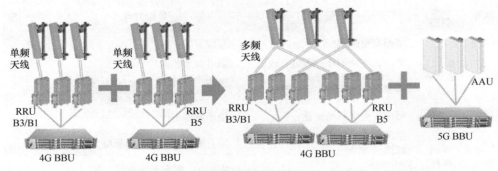

图5-3 天线整合后新增5G独立天馈

(3)4G 与 5G 共天馈如图 5-4 所示。目前 AAU/ 多频无源一体化天线无相关产品,新出的 5G 8T8R 产品属于 3G、4G 时代的 RRU 和天线分体设备,可以支持 4G 与 5G 共天馈。

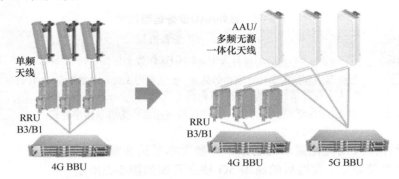

图5-4 4G与5G共天馈

以上 3 种天馈方案的对比见表 5-8。

表5-8　3种天馈方案的对比

场景	改造方案	优劣对比
天面资源充足	新增天线抱杆，新增 5G 独立天馈	优势：独立天馈方便调节 劣势：需新增抱杆，增加物业协调风险
天面资源不足，原 4G 多套独立天线	合并4G 天馈，利旧4G 抱杆，新增5G 独立天馈	优势：不需要新增抱杆，独立天馈方便调节 劣势：涉及 4G 天馈改动，天线变大
天面资源不足，原 4G 天馈为共天线	替换 4G 天线，新增 5G 一体化 AAU/ 无源天线，实现 4G 与 5G 共天线	优势：不需要新增抱杆，物业协调简单 劣势：4G 与 5G 无法独立调节天馈，暂无一体化 AAU/ 无源天线产品，需研发新设备支持共天线

典型 5G 基站天馈建设方案见表 5-9。

表5-9　典型5G基站天馈建设方案

序号	塔桅类型	场景类型	建设方案	优先级
1	楼顶/地面塔	塔桅有空余抱杆	直接安装	高
2		塔桅无空余抱杆，可进行改造	原塔桅加装抱杆	中
3		塔桅无空余抱杆，无法改造	现有天线收编，5G AAU 安装于空出的抱杆	低
4	楼顶抱杆	楼面有空余新增位置	楼面新增抱杆	高
5		楼面无空余新增位置，原抱杆可改造	原有抱杆加高或横向新增支架	中
6		楼面无空余新增位置，原抱杆不可改造	方案1：现有天线收编，5G AAU 安装于空出的抱杆 方案2：挂墙安装/女儿墙安装	低
7		无法进行改造或新增	重新选址	低

5.1.3.3 天线高度

既要避免过高站址产生的越区覆盖，也要避免过低站址产生的覆盖空洞，不同区域基站天线挂高的建议见表 5-10，工程中根据具体情况调整。

表5-10 不同区域基站天线挂高的建议

区域类型	天线挂高[1]	建筑物高度要求
密集市区	30 ～ 40m	最佳高度为比周围建筑物平均高度高 2 ～ 3 层
市区		
高速公路	根据地形及道路走向而定	可以选在高速公路附近的山上
郊区 / 乡镇	30 ～ 50m	不要选在比市郊平均地面海拔高度高 100m 的山峰上，可结合实际地形选取乡镇附近的小山丘，对乡镇镇区及附近道路实现良好覆盖
农村 / 开阔地	根据地形及覆盖区域而定	可以选在覆盖区域附近的山上

注 1：天线挂高指天线底端距离天线所在建筑物地面的高度。

5.1.3.4 天线方向

在设置 5G 基站天线的方向时，天线主瓣方向可考虑与 4G 天线同方向，且 100m 范围内无明显阻挡。

针对需要新建的部分基站，在确定小区的方向时，首先需要明确建设该基站的目的，是覆盖站、增加容量站还是覆盖兼顾容量站，然后根据实际情况设置。设置天线方向的关键点说明见表 5-11，天线方向设置示意如图 5-5 所示。

5.1.3.5 天线下倾

5G Massive MIMO 的下倾角是信道级的，且业务波束（可间接通过 CSI-RS 波束表征）、广播波束对应不同的天线方向图。

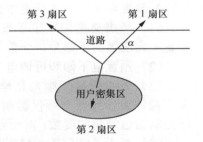

注：图中第 1 扇区及第 3 扇区为覆盖为主的扇区，主要用于道路覆盖，因此，小区方向与道路夹角 α 应在 15° ～ 30°。

图5-5 天线方向设置示意

表5-11 设置天线方向的关键点说明

		关键点说明
关键点一	覆盖为主的扇区	对覆盖为主的扇区，重点考虑该扇区需要覆盖的范围大小和方位，小区的主方向对应最需要覆盖的地方和高话务区域；对密集市区主干道的覆盖基站，小区的主方向与道路成 15° ～ 30° 的夹角分别对应路的两边覆盖，具体如图 5-5 所示，避免出现越区覆盖
关键点二	覆盖兼容量的扇区	对覆盖兼容量的扇区，需要同时考虑解决覆盖的区域及解决容量的区域所在方位，在尽量保持网络蜂窝结构的基础上（考虑周围小区方向），使小区的主方向对应最需要覆盖或分担话务的区域，3 个小区方向尽量保持均匀间隔

（续表）

		关键点说明
关键点三	市区基站的小区间夹角尽量大于90°	市区基站的小区间夹角尽量大于90°，尽量保持网络结构的均匀，避免出现过多小区重叠覆盖，导致严重的导频污染，同时需要避免出现覆盖空洞
关键点四	Massive MIMO	Massive MIMO 可以在垂直方向上赋形，能更好地解决高层覆盖弱、高层污染等问题，做天线方向规划时请注意

（1）业务波束的下倾角会影响用户的体验，例如，吞吐率、业务时延等。业务波束的下倾角是可动态调整自适应的，工程上不需手动配置。

（2）广播波束的下倾角由机械下倾角和广播波束数字下倾角构成，会影响用户在网络中的驻留和 NR 小区的覆盖区域，需要基于场景化配置及优化。

1. 机械下倾

由机械调整决定的下倾角，需要同时对广播波束和业务波束进行调整。机械下倾角的设置需要确保业务波束面向主要业务的覆盖区域，建议机械下倾角根据现网环境设置，参照 4G 网络的机械下倾角，原则上不大于 4G 网络的机械下倾角，确保广播波束和业务波束不发生图形畸变。

2. 预置电下倾和可调电下倾

（1）考虑典型的应用场景，为支持更大的有效范围，5G AAU 单元阵子会预置一定度数的下倾角，一般为 6°。

（2）预置电下倾和可调电下倾调整的是阵子相位，不会引起波形畸变。

（3）天线预置下倾角是单收发信机（Transceiver，TRX）预置电下倾。对于广播波束，预置下倾仅影响数字下倾角调整范围和最大增益指向，不影响实际控制信道倾角的度数；对于业务波束，影响业务包网络最大增益指向。

（4）对于 64T64R AAU 设备，目前主流厂商的供货设备一般不具备可调电下倾。

3. 数字下倾

数字下倾仅影响广播波束，基于场景进行波束优化。

4. 5G 下倾角规划原则

在 NSA 阶段，由于 5G 基站需要锚定在 4G，因此设置 5G 下倾角本身并不严格。但需要考虑后续向 SA 演进，建议在建网初期就考虑在未来 SA 组网下连续覆盖下倾角规划要求。5G 下倾角规划原则见表 5-12。

表5-12　5G下倾角规划原则

原则	具体说明
1	保证 PDSCH 业务信道覆盖最优
2	在 5G 建网初期，建网目标以覆盖为主，新建 5G 站点时，以业务波束的（可间接通过 CSI-RS 波束表征）最大增益方向覆盖小区边缘，垂直面有多层波束时，原则上以最大增益覆盖小区边缘

（续表）

原则	具体说明
3	对于需要控制小区间干扰的区域，设置下倾角时建议以参考波束的上 3dB 指向小区边缘底层，从而降低室外等区域的干扰
4	对于广域覆盖、混合覆盖、高层覆盖等不同覆盖场景，广播波束下倾角在工程建设时需要结合设备商场景化初始建议值合理设置，控制广播波束的覆盖范围，确保 UE 驻留在业务信道质量的最优小区

下面以 64T64R 垂直 4 维 Massive MIMO 为例说明：

建议增益最强的业务波束（可间接通过 CSI-RS 波束表征）法线方向对准小区边缘，提升小区边缘 RSRP，最上层波束可以改善城区场景内中、高楼层的覆盖，下层波束则提升中近点 RSRP。5G 垂直 4 维 Massive MIMO 天线下倾角设置示意如图 5-6 所示。

5.1.3.6 Massive MIMO SSB 波束规划

在不同的覆盖场景下，广播波束有不同的倾角、方位角、水平波宽和垂直波宽，解决了不同场景下小区覆盖受限以及邻区干扰问题。

1. SSB 波束规划流程

SSB 波束规划流程如图 5-7 所示。下面通过一个实例介绍如何选择适合自己需求的 SSB 波束配置。某基站和楼宇的相关数据见表 5-13，波束的法线方向沿水平指向（下倾角为 0°）。如果希望基站能够覆盖高 30m 以下的楼层和覆盖宽 30m 以内的水平范围，则根据以下步骤计算所需要配置的 SSB 波束。

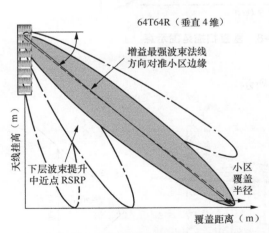

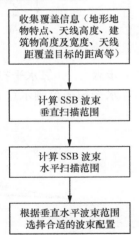

图5-6　5G垂直4维Massive MIMO天线下倾角设置示意　　图5-7　SSB波束规划流程

表5-13　某基站和楼宇的相关数据

数据类别	数据	数据值
已知	站高（h）	15m
	楼高（H）	30m

（续表）

数据类别	数据	数据值
已知	楼宽（B）	30m
	高楼与基站间距离（D）	70m
	垂直扫描范围（3dBα波宽）	待计算
	水平扫描范围（3dBβ波宽）	待计算

步骤1：计算垂直扫描范围

当D=70m，h=15m，则$C=H-h$=15m，则可计算出α=25°，即垂直扫描范围25°。垂直扫描范围示意如图5-8所示。

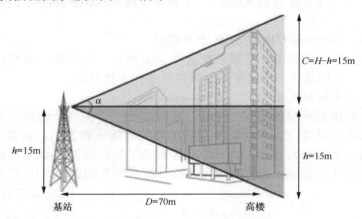

图5-8 垂直扫描范围示意

步骤2：计算水平扫描范围

水平扫描范围示意如图5-9所示。

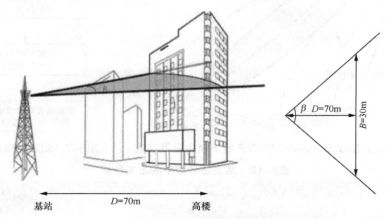

图5-9 水平扫描范围示意

当建筑物宽度 B=30m，D=70m，可计算出 β=25°，即水平扫描范围 25°。

步骤 3：取步骤 1 和步骤 2 要求的交集，作为 SSB 波束配置场景

本案要求波束的垂直扫描范围 25°，水平扫描范围 25°，然后根据此要求即可选择对应波束配置的场景。

2. Massive MIMO 天线权值自适应配置

Massive MIMO 天线影响覆盖的因素包括天线的水平波瓣宽度、垂直波瓣宽度、方位角、下倾角、波束扫描个数。Massive MIMO 天线影响覆盖因素如图 5-10 所示。

图5-10 Massive MIMO天线影响覆盖因素

基站对小区 UE 的分布、邻小区干扰进行统计和估算，综合考虑网络的覆盖性能完成自适应的调整，基站智能估算最优的广播权值，实现最优覆盖。权值自适应可以改善小区间的重叠覆盖度，减少和控制干扰，提升小区的整体性能和用户感知。Massive MIMO 基站的权值自适应操作流程如图 5-11 所示。

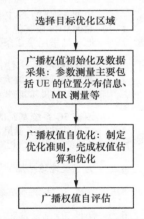

图5-11 Massive MIMO 基站权值自适应操作流程

5.1.3.7 干扰隔离

1. 移动系统内干扰隔离

5G 网络应注意与其他通信系统间的干扰协调，工程实施中应满足隔离度的设计要求。3.5GHz NR 与其他系统隔离距离见表 5-14。

表5-14 3.5GHz NR与其他系统隔离距离

系统	隔离度取值（dB）	隔离距离（m）	
		水平[1]	垂直[2]
CDMA800	31	0.81	0.38
GSM900	31	0.75	0.35
DCS1800	31	0.37	0.18
WCDMA	31	0.44	0.19

（续表）

系统	隔离度取值（dB）	隔离距离（m）	
		水平[1]	垂直[2]
TD-SCDMA	31	0.45	0.19
LTE 1.8GHz	31	0.48	0.2
LTE 2.1GHz	31	0.44	0.18
LTE 2.3GHz	31	0.36	0.15
LTE 2.6GHz	31	0.33	0.14
LTE 800MHz	31	1.02	0.43

注 1：天线竖直安装、天线方向平行。
注 2：天线同抱杆竖直安装。

2. 卫星干扰隔离

卫星干扰缓解措施见表 5-15，这些干扰缓解措施选取建议如下所述。

表5-15　卫星干扰缓解措施

序号	干扰缓解措施
1	卫星运营商将工作在 3400MHz ～ 3700MHz 频段上的卫星业务调整至 3700MHz ～ 4200MHz 或其他不受干扰和影响的频段，并对调整至 3700MHz ～ 4200MHz 频段的卫星地球站采用第 2 条措施
2	为 3700MHz ～ 4200MHz 频段的卫星地球站额外加装该频段滤波器，或更换上述工作频段的低噪声放大器（Low Noise Amplifer，LNA）、低噪声变频器（Low Noise Block，LNB），可增加 45dB 左右的隔离度
3	调整 5G 系统基站的站址布局，避让卫星地球站接收天线主瓣方向（离轴角 2° 以内）；如果基站位于卫星地球站接收天线第一旁瓣（离轴角 2°～ 48°）、副瓣或背瓣（离轴大于 48°）方向，相对位于主瓣方向可增加 20dB ～ 34dB 的隔离度
4	为卫星地球站加装屏蔽网，单层屏蔽网可增加 8dB ～ 12dB 的隔离度
5	调整 5G 系统基站最大辐射方向和下倾角，可增加 0dB ～ 8dB 的隔离度
6	降低 5G 基站发射功率，在一定程度上缓解干扰
7	有效利用建筑物隔离，单墙体可增加 8dB ～ 20dB 的隔离度，干扰缓解措施实际效果视工程实际情况而定

对于工作在 3400MHz ～ 3700MHz 频段上的卫星地球站，优先采用上述第 1 条干扰缓解措施；若暂不具备迁移条件，可采取上述第 3 条～第 7 条干扰缓解措施消除干扰。

对于工作在 3700MHz ～ 4200MHz 频段上的卫星地球站，优先采用上述第 2 条干扰缓解措施；若干扰仍然存在，可采取上述第 3 条～第 7 条干扰缓解措施消除干扰。

5.2 基站配套设置指引

5.2.1 基站 GPS

5G 技术特点之一为低时延，5G 对获取时钟信号的要求比 4G 更高，需要通过配置全球定位系统（Global Positioning System，GPS）获取时钟信号。GPS 包括 GPS 天线、GPS 馈线、避雷器和置于基站设备内部的接收机等。其中，GPS 天线、馈线和避雷器等可以通过加装功分器的方式实现不同设备之间的共用。设置基站 GPS 的关键点见表 5-16。

表5-16 设置基站GPS的关键点

序号	关键点
关键点 1	5G 新建 BBU 站点可新增 GPS&北斗双模套件，4G 和 5G 共站址站点，优先配置 GPS&北斗共享套件
关键点 2	GPS 可采用新建和利旧两种方式
关键点 3	GPS 具体由地市 5G 规划建设团队组织设计单位、无线中心共同签字确定
关键点 4	对于 BBU 集中机房布放 GPS 馈线受阻场景，例如，在不影响获取时钟信号性能的前提下，可建议采用 GPS 中继放大器改造原有 GPS 馈线系统，获取更多的 CU/DU 时钟信号接入端口
关键点 5	对于 BBU 集中机房无条件布放 GPS 馈线等情况，建议引入主设备厂商的相关软件协议进行时钟同步，例如，1588v2 协议

5.2.2 基站电源

5.2.2.1 BBU 集中机房

BBU 和 IP RAN 设备均采用-48V 供电，输入电压范围一般为直流-57V ～-38.4V，集中机房应可提供稳定可靠的-48V 直流电源系统。

机房外电为稳定可靠的三相 380V 永久用电，平均断电时间小于电池的放电时间，优先选择双路供电的机房。外电剩余容量满足规划 BBU 及 IP RAN 以及空调、电池等用电量，BBU 所归属的配套直流电源系统的容量需要满足现有设备和 5G 新建设备的满负荷功率需要，蓄电池后备时间宜按设计负荷的 3h 以上配置，或通过扩容、改造、新建满足要求。5G BBU 设备与现网 4G BBU 设备的功耗对比见表 5-17。

部分厂商 5G BBU 设备的功耗较高，且左入右出的排风方式影响机房的机架布局，在建设 BBU 机房和布放机架的时候，要充分注意该情况。

5G 传输设备与现网 4G 传输设备的功耗对比见表 5-18。

表5-17　5G BBU设备与现网4G BBU设备的功耗对比

设备		5G 设备			4G 现网设备		
BBU	厂商	厂商 1	厂商 2	厂商 3	厂商 1	厂商 2	厂商 3
	型号	BBU5900	V9200	Baseband 6630	BBU3910	B8200	5212
	峰值功耗（S111）	500W	600W	180W	275W	170W	160W
	典型功耗（S111）	255W	315W	120W	125W	117W	112W

表5-18　5G传输设备与现网4G传输设备的功耗对比

设备	4G 传输设备		5G 传输设备		
类型	A1	A2	A1	A2（10Gbit/s）	A2（50Gbit/s）
端口配置	8×GE	2×10GE，16×GE	4×10GE，8×GE	12×10GE	2×50GE，25×10GE
尺寸	1U	2U	1U	2U	3～4U
典型功耗	85W	120W	100W	250W	400W

注：千兆以太网（Gigabit Ethernet，GE）。

5.2.2.2　拉远 AAU 站点

目前，单个 AAU 的最大功耗为1200W，外电需满足此功耗需求。5G 典型 AAU 的功耗见表 5-19。

表5-19　5G典型AAU的功耗

	型号	典型值	最大值
厂商 1	AAU5613	881W	1040W
厂商 2	A9611	910W	1250W
厂商 3	AIR6488	800W	1050W

对于中国电信自建配套站址，原 4G 站点采用直流供电的，5G 基站原则上也采用直流供电；对于原 4G 站点不具备直流供电条件的，可采用交流供电方式开通 5G 基站，后续根据业务发展的情况适时增加电池包。

针对 5G 建设过程中碰到的电源问题，可有针对性地采用不同的解决方案。5G 共现网电源典型解决方案见表 5-20。

表5-20　5G共现网电源典型解决方案

场景	解决方案
机房总交流输入不足	• 更换大容量变压器 • 更改线路线缆 • 更改前级空开容量
开关电源交流输入不足	• 更换交流配电盒输出空开（交流配电盒输出空开小于开关电源输入空开）

（续表）

场景	解决方案
室内电源模块容量不足 / 停产	• 方案1：从电源柜厂商采购电源模块 • 方案2：小型电源机柜扩容直流容量 • 方案3：新建室外一体化小电源为AAU供电
室内开关电源无槽位扩容	• 方案1：更换开关电源柜 • 方案2：小型电源机柜扩容直流容量 • 方案3：新建室外一体化小电源为AAU供电
直流柜容量不够或远供无法到位的场景	• 新建室外一体化小电源为AAU供电

5.2.3 基站承载

在5G组网架构中，部署CU和DU有多种方式可选，导致承载网需求也不尽相同，典型的5G组网类型分为CU/DU合设与分设、D-RAN与C-RAN 4种组合。5G无线网络的承载需求分为前传、中传和回传。AAU至DU为前传，DU至CU为中传，CU与CN之间为回传。5G网元分布及承载需求如图5-12所示。

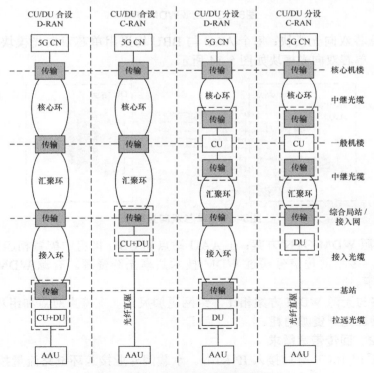

图5-12 5G网元分布及承载需求

当前运营商采用 CU/DU 合设的组网类型，暂不需要考虑中传部分，后续的承载方案仅基于 BBU 考虑前传和回传部分。

5.2.3.1 前传光纤需求

5G 前传方案本着节约投资、加快建设的原则，建议基站前传采用无源波分方案（即 25Gbit/s 彩光），尽量减少基站引入光缆的建设。

当 BBU 分散设置（D-RAN）时，一般采用铠装尾纤与 AAU 连接，不需要占用局间传输和光缆资源。

（1）无源 WDM 方案：将彩光模块安装到 AAU 和 BBU 上，通过无源设备完成 WDM 功能，利用一对或者一根光纤提供多个 AAU 到 BBU 的连接，节约光纤。无源 WDM 方案如图 5-13 所示。

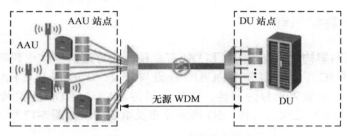

图5-13 无源WDM方案

（2）单芯双向光模块：每个 AAU 与 BBU 均采用单芯双向光模块，点到点直连组网。单芯双向光模块如图 5-14 所示。

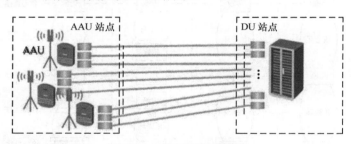

图5-14 单芯双向光模块

（3）有源 WDM/OTN 方案：在 AAU 站点和 BBU 机房中配置相应的 WDM/OTN 设备，多个前传信号通过 WDM 技术共享光纤资源。有源 WDM/OTN 如图 5-15 所示。

该方案与无源 WDM 方案相比，组网更加灵活（支持点对点和组环网），同时也没有增加光纤资源消耗。

5.2.3.2 回传带宽需求

BBU 采用 10GE 端口接入 IP RAN。承载网专业接入环链路流量按"1×基站峰值 +（N-1）× 基站均值"计算，典型的 5G 低频单基站（3.4GHz ～ 3.5GHz，

100MHz 频宽 3cell，64T64R，2.5ms 双周期）的带宽峰值 3.36Gbit/s，均值 1.94Gbit/s。5G 低频单基站峰值和均值见表 5-21。

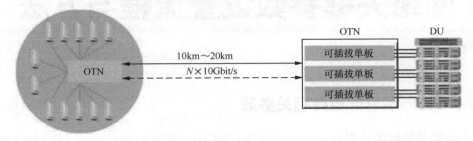

图5-15 有源WDM/OTN

表5-21 5G低频单基站峰值和均值

小区峰值	小区均值	单站峰值	单站均值
2.05Gbit/s	0.65Gbit/s	3.36Gbit/s	1.94Gbit/s

注：按下一代移动通信网（Next Generation Mobile Network，NGMN）的带宽规划原则，单站峰值 = 单小区峰值 + 小区均值 ×2，单站均值 = 单小区均值 ×3。

承载网侧带宽需求分析均基于对 5G 业务的流量预测。5G 基站峰值按 3.36Gbit/s、均值初期按 300Mbit/s、中期按 700Mbit/s 计算。在 5G RAN 组网方式分为 D-RAN、C-RAN（BBU 集中）两种场景模式下。

（1）在 D-RAN 模式下，采用 A1 档设备组网，带宽可为 10GE 环，所带基站数为 6 个～ 10 个。

（2）在 C-RAN 模式下，采用 A2 档设备组网，带宽可为 10GE/50GE 环，10GE 环上所带基站数为 10 个～ 20 个，50GE 环上所带基站数为 20 个～ 50 个。2019 年原则上采用 10GE 环组网，后期如果升级到 50GE 环，则按 50GE 环标准下带基站。

5G 承载网带宽需求分析见表 5-22。

表5-22 5G承载网带宽需求分析

接入层	环上基站数（个）	5G 初期		5G 中期	
		预测带宽	组网带宽	预测带宽	组网带宽
BBU 分散型	6 ～ 10	6.1Gbit/s（1×3.36Gbit/s+9×300Mbit/s）	10GE 环	9.7Gbit/s（1×3.36Gbit/s+9×700Mbit/s）	10GE 环
BBU 集小型	10 ～ 20	9.1Gbit/s（1×3.36Gbit/s+19×300Mbit/s）	10GE 环	16.7Gbit/s（1×3.36Gbit/s+19×700Mbit/s）	50GE 环
	20 ～ 50			43Gbit/s（3×3.36Gbit/s+47×700Mbit/s）	50GE 环

第6章

5G 网络关键参数设置流程与方法

6.1 系统配置类相关参数

基站关键参数主要包括频率及带宽、NCGI、公共陆地移动网（Public Land Mobile Network，PLMN）ID、gNB ID、Cell ID、跟踪区标识（Tracking Area Identity，TAI）、跟踪区号码（Tracking Area Code，TAC）、物理小区标识（Physical Cell ID，PCI）、NR 时隙结构配置原则、初始功率参数等。

6.1.1 频率及带宽

参数说明：定义系统的工作频段以及带宽。

配置要求：5G 建网初期主要考虑采用 n78 中 3400MHz ～ 3500MHz 频段建设网络，其中频率带宽为 100MHz，子载波间隔为 30kHz。设置和使用 5G 基站时，应当按照工业和信息化部发布的《3000—5000MHz 频段第五代移动通信基站与其他无线电台（站）干扰协调管理规定》提前开展干扰协调工作。与 3500MHz ～ 3600MHz 以及 3300MHz ～ 3400MHz 上部署业务的运营商保持时间同步且子帧配比一致。

长期考虑引入毫米波频段（6GHz 以上），用于室内热点区域的容量吸收。

SSB 中心频点配置：为避免不同厂商的 SSB 频点配置不对齐，造成相互干扰，后续原则上建议 SSB 频点均采用全局同步信道号的方式，各厂商的频点配置需要统一。

6.1.2 NCGI

NCGI 由 3 个部分组成，即 NCGI = 国家码（Mobile Country Code，MCC）+ 网络码（Mobile Network Code，MNC）+ MR 小区标识（NR Cell Identifier，NCI）。

➢ MCC+MNC= PLMN ID，PLMN ID 的分配原则见 6.1.2.1。

➢ NCI 由 2 个部分组成，即 NCI = gNB ID+Cell ID，为 36bits 长，采用 9 位 16 进制编码，即 ×1×2×3×4×5×6×7×8×9。其中，×1×2×3×4×5×6 对应该小区的 gNB ID，gNB ID 分配原则见 6.1.2.2；×7×8×9 为该小区在 gNB 内的标识（常规称为 Cell ID），Cell ID 分配原则见 6.1.2.3。

6.1.2.1 PLMN ID

参数说明：PLMN ID 是运营商 NR 网络的标识，由 2 个部分组成：PLMN ID = MCC+MNC。

配置要求：PLMN ID=MCC+MNC。为了 4G/5G 网络互操作便利，建议运营商的 5G 网络和 4G 网络采用同一个 PLMN ID。

6.1.2.2 gNB ID

参数说明：gNB ID 为 22bits ～ 32bits 长，对应 NCI 前 22bits ～ 32bits，建议 gNB ID 使用 24bits，采用 6 位 16 进制编码 ×1×2×3×4×5×6。

配置要求：

（1）集团要求：×1×2 建议由运营商集团统一规划，×3×4×5×6 由省内分配。

（2）某省的 gNB ID 分配示意见表 6-1。

表6-1 某省的gNB ID分配示意

地市[1]	gNB ID 分配[2]
××	750000 ～ 75FFFF 760000 ～ 76FFFF
××	770000 ～ 77FFFF 780000 ～ 78FFFF
××	790000 ～ 79FFFF
××	7A0000 ～ 7AFFFF
××	7B0000 ～ 7BFFFF

注：
1. 为提高编码资源的利用率，对于已分配至各地市内使用的 gNB ID 资源，需要按每期工程各厂商在各地市的实际中标规模，由网络优化中心统一分配给厂商使用。
2. 建议做编码预留，例如，某省规定未经同意各地市不得使用 860000 ～ 86FFFF。

6.1.2.3 Cell ID

参数说明：Cell ID 是基站内的小区标识，由 3 位 16 进制编码组成（×7×8×9）。

配置要求：分配原则是在 gNB 内唯一。建议编号方法与 LTE 保持一致，以 ×7 标识载频、×8×9 标识扇区方式编号（由 00 开始向后编号）。Cell ID 分配示意见表 6-2。

表6-2 Cell ID分配示意

gNB ID 类别	×7	×8/×9	频段	频率
当 ×1×2 为 75～86	0	省内自定义	n78	3.5GHz
	1～F	预留	预留	预留

6.1.3 TAI 和 TAC

参数说明：TAI 的编号由 3 个部分组成，即 TAI = MCC+MNC+TAC。TAC：跟踪区号码，24bits 长，6 位 16 进制编码，×1×2×3×4×5×6。

配置要求：为了 5G 网络规划和 4G/5G 互操作便利性，建议 5G 网络的 TA 划分与 4G 一致。

（1）TAC 的 ×1×2 同 gNB ID 的 ×1×2 分配一致，TAC 的 ×3×4 由省内自行分配。

（2）在网络建设初期，5G 网络的 TA 划分和 4G 网络一致，TAI 配置采用 4G TAI 增加 ×5×6=0。

（3）4G 网络的 TA 分裂为多个 TA 的，5G 网络的 TA 同步分裂为多个 TA，TAI 配置采用新的 4G TAI 增加 ×5×6=0。

（4）在 5G 网络的 TA 分裂为多个 TA 区，4G TA 区不变的情况下，5G TAI 配置采用扩展 ×5×6 的方式。

某省的 TAC 分配示意见表 6-3。

表6-3 某省的TAC分配示意

地市	TAC 范围
××	770100 ～ 77FFFF 780100 ～ 78FFFF
××	750100 ～ 75FFFF 760100 ～ 76FFFF
××	790100 ～ 79FFFF
××	7A0100 ～ 7AFFFF
××	7B0100 ～ 7BFFFF

6.1.4 PCI

参数说明：NR 支持 1008 个 PCI，小区划分应遵循以下原则。

（1）不冲突原则：相邻小区不能使用相同的 PCI。

（2）不混淆原则：同一个小区的两个邻区不能使用相同的 PCI，否则 gNB 不知道哪个为目标小区，就会导致切换失败。

（3）复用原则：需要保证相同 PCI 小区具有足够的复用距离。

（4）最优分配原则：要求相邻小区间的 PCI 模 30 不同。

（5）可扩展原则：在初始规划时，就需要为网络扩容做好准备，避免后续在规划过程中频繁调整前期的规划结果。

配置要求如下所述。

（1）为保证各厂商之间 PCI 规划的一致性，建议由运营商的网络优化中心负责全网统一台账的更新，各厂商根据最新的全网台账统筹考虑 PCI 规划。

（2）PCI 规划建议采用室内外分段方式，例如，×× 省分段如下所述。

区域 1：室内外比例为 1 : 3，0～719 留给室外小区，720～957 留给室内小区，958～1007 预留，高铁、动车、地铁等特殊场景使用预留 PCI。

区域 2：室内外比例为 1 : 5，0～797 留给室外小区，798～957 留给室内小区，958～1007 预留，高铁、动车、地铁等特殊场景使用预留 PCI。

区域 3：室内外比例为 1 : 6，0～821 留给室外小区，822～957 留给室内小区，958～1007 预留，高铁、动车、地铁等特殊场景使用预留 PCI。

（3）地市间规划协调通过地市双方协商确定，提前获取对方的规划信息，避免出现冲突。

（4）对于厂商边界区域，建议通过运营商网络优化中心组织两个厂商协商，在两个厂商的边界区域使用两段不同的 PCI，避免频繁地修改 PCI。

（5）采用同频共建共享，需要考虑运营商的边界、设备商的边界及省市的边界 PCI 分段划分。

6.1.5　PRACH

参数说明：NR 系统中随机接入的作用是 UE 获取上行同步以及 C-RNTI，包括竞争随机接入和非竞争随机接入两种情况。UE 在 RACH occasion 上发送 Preamble 序列进行随机接入。

（1）PRACH 采用 ZC 序列作为根序列（以下简称为 ZC 根序列），由于每个小区前导序列是由 ZC 根序列通过循环移位（Ncyclic shift，Ncs），即零相关区配置）生成的，每个小区的前导序列为 64 个，UE 使用的前导序列是随机选择或由 gNB 分配的，因此为了降低相邻小区之间的前导序列干扰过大就需要正确地规划 ZC 根序列索引。

（2）PRACH 前导序列按照长度分为长序列和短序列两类：长序列沿用 LTE 的设计方案，长度为 839，长序列格式见表 6-4；短序列为 NR 新增格式，长度为 139，Sub6G 支持 {15, 30}kHz 子载波间隔，above6G 支持 {60, 120}kHz 子载波间隔，短序列格式见表 6-5。

表6-4　长序列格式

Format	序列长度	子载波间隔	时域总长	占用带宽	最大小区半径	典型场景
0	839	1.25kHz	1.0ms	1.08MHz	14.5km	低速 & 高速，常规半径
1	839	1.25kHz	3.0ms	1.08MHz	100.1km	超远覆盖
2	839	1.25kHz	3.5ms	1.08MHz	21.9km	弱覆盖
3	839	5.0kHz	1.0ms	4.32MHz	14.5km	超高速

表6-5　短序列格式

Format	序列长度	子载波间隔	时域总长	占用带宽	最大小区半径	典型场景
A1	139	$15 \cdot 2^{\mu}$	$0.14/2^{\mu}$ms	$2.16 \cdot 2^{\mu}$MHz	$0.937/2^{\mu}$km	微小区
A2	139	$15 \cdot 2^{\mu}$	$0.29/2^{\mu}$ms	$2.16 \cdot 2^{\mu}$MHz	$2.109/2^{\mu}$km	正常小区
A3	139	$15 \cdot 2^{\mu}$	$0.43/2^{\mu}$ms	$2.16 \cdot 2^{\mu}$MHz	$3.515/2^{\mu}$km	正常小区
B1	139	$15 \cdot 2^{\mu}$	$0.14/2^{\mu}$ms	$2.16 \cdot 2^{\mu}$MHz	$0.585/2^{\mu}$km	微小区
B2	139	$15 \cdot 2^{\mu}$	$0.29/2^{\mu}$ms	$2.16 \cdot 2^{\mu}$MHz	$1.054/2^{\mu}$km	正常小区
B3	139	$15 \cdot 2^{\mu}$	$0.43/2^{\mu}$ms	$2.16 \cdot 2^{\mu}$MHz	$1.757/2^{\mu}$km	正常小区
B4	139	$15 \cdot 2^{\mu}$	$0.86/2^{\mu}$ms	$2.16 \cdot 2^{\mu}$MHz	$3.867/2^{\mu}$km	正常小区
C0	139	$15 \cdot 2^{\mu}$	$0.14/2^{\mu}$ms	$2.16 \cdot 2^{\mu}$MHz	$5.351/2^{\mu}$km	正常小区
C2	139	$15 \cdot 2^{\mu}$	$0.43/2^{\mu}$ms	$2.16 \cdot 2^{\mu}$MHz	$9.297/2^{\mu}$km	正常小区

注：$\mu=0/1/2/3$。

PRACH 规划方法：以长格式 Format 0 为例，初始常规宏覆盖小区规划可参考以下原则。

（1）根据小区的覆盖半径取定 Ncs 值，如果小区接入半径 6km，Ncs 取值为 46。

（2）计算前导序列数 $=839/Ncs$，向下取整计算根序列索引数。如果 839/46 向下取整为 18，则每个索引可产生 18 个前导序列，64 个前导序列需要 64/18 向上取整为 4 个根序列索引。

（3）计算可用根序列索引。如果是 4 个根序列索引，则 839/4 取整为 209 个可用根序列索引。

（4）根据可用根序列索引，在所有小区之间进行分配，类似 PCI 参数的规划，以满足复用距离最大化。

配置要求如下所述。

（1）为保证各厂商之间 PRACH 规划的一致性，建议由运营商的网络优化中心统一更新台账，各厂商根据最新的全网台账统筹考虑 PRACH 规划。

（2）小区接入半径暂按室分 1km、室外站市区 6km、室外站农村区域 10km 设置，后续可根据工程网络优化的情况调整。

（3）针对逻辑根序列分配，建议优先考虑高速场景，可采用室内外分段的方式，如果初期规划 0 ～ 639 分配给室外小区，640 ～ 799 分配给室内小区，剩余预留给新增微站和特殊场景站点等。后续对于高负荷的小区，同一 PRACH 根序列可采用不同时隙复用。

（4）地市间规划协调通过地市双方协商确定，提前获取对方的规划信息，避免出现冲突。

（5）采用同频共建共享，需要考虑运营商的边界、设备商的边界以及省市的边界 PRACH 分段划分。

6.1.6　NR 时隙结构配置原则

参数说明及配置要求：3.5GHz NR 的时隙结构采用 2.5ms 双周期的配置，其中，子帧配置为 DDDSUDDSUU，上 / 下行比例为 3∶7，其中 D 时隙为全下行时隙，U 为全上行时隙，S 为特殊时隙。整个帧结构如图 6-1 所示。

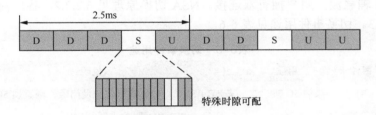

图6-1　整个帧结构

目前，特殊时隙中下行、GAP 和上行符号的比例关系可采用 10∶2∶2，下行符号上可用于发送 PDCCH、PDSCH 等下行信号，GAP 符号上不发送任何上 / 下行信号，上行符号可用于发送 SRS 等上行信号。后续根据基站间系统内干扰情况以及运营商的设置建议等因素，合理设置 GAP 的大小。

6.1.7　初始功率参数

参数说明：定义基站的初始发射总功率及导频功率。

配置要求：室外宏基站（64T64R）发射功率默认初始设置为 200W，对应导频功率为 17.8dBm。

共建共享站点按后续运营商间沟通确定的要求执行。

6.2 系统优化类相关参数

6.2.1 电下倾

参数说明：电子下倾是指天线安装好以后，在调整天线的下倾角时，天线本身不动，而是通过电信号调整天线振子的相位，改变水平分量和垂直分量的幅值大小，改变合成分量场强强度，改变天线的覆盖距离，使天线每个方向的场强强度同时增大或减小，从而保证在改变天线的下倾角后，天线方向图形状变化不大。机械下倾就是通过机械的方法实现下倾。数字下倾角只用于 SSB 波束调整。

配置要求：当前的配置取决于不同的 AAU 型号。

6.2.2 切换参数

NSA 网络内的切换包括 LTE 切换和 NR 切换，LTE 采用的切换参数即原 4G 网络本身的切换参数，NR 间的切换采用 A3 事件。当终端用户建立 LTE 的 RRC 连接之后，会去测量 5G 信号，当 5G 信号达到一定门限（即 B1 事件门限），开始添加 5G 辅载波，用户拥有双连接。NSA 切换原理见 6.2.2.2，各厂商的相关参数见 6.2.2.3。切换事件用途见表 6-6。

表6-6 切换事件用途

系统	事件	用途	说明
LTE	B1	添加 5G 辅载波	若 5G RSRP 测量值超过该触发门限，则添加 5G 辅载波
	A3	LTE 同频切换	当邻区 RSRP 高于服务小区 RSRP 一定门限，触发服务小区到邻小区的同频切换
	A2+A3	LTE 异频切换	当服务小区 RSRP 低于 A2 门限启动异频测量，当邻区 RSRP 高于服务小区 RSRP 一定门限，触发服务小区到邻小区的异频切换
	A2+A4	LTE 异频切换	当服务小区 RSRP 低于 A2 门限启动异频测量，当邻区 RSRP 高于一定门限，触发服务小区到邻小区的异频切换
	A2+A5	LTE 异频切换	当服务小区 RSRP 低于 A2 门限启动异频测量，当服务小区 RSRP 低于一定门限，邻区 RSRP 高于一定门限，触发服务小区到邻小区的异频切换
NR	A3	NR 同频切换	当邻区 RSRP 高于服务小区 RSRP 一定门限，触发服务小区到邻小区的同频切换

6.2.2.1 NSA 及 SA 的邻区配置原则

NSA 及 SA 的邻区配置见表 6-7。

表6-7　NSA及SA的邻区配置

源小区	目标小区	邻区作用
LTE	LTE	NSA DC 用户锚点切换，LTE 正常切换
LTE	NR	添加 NR 辅载波
NR	NR	NR 辅载波移动性切换
NR	LTE	不需要配置

（1）LTE 和 LTE 之间的邻区：对于站内邻区，只需要增加同频邻区关系；对于站间邻区，需要增加外部邻区，并增加同频邻区关系。

（2）NR 和 NR 之间的邻区：所有 NR 站内的小区都互配了邻区，并且将路线上所有的 NR 站点小区都互配了邻区。对于站内邻区，需要增加邻区关系；对于站间邻区，需要增加外部邻区。

（3）LTE 和 NR 之间的邻区：将路线上所有的 NR 站点都配置成为 LTE 的 NR 邻区。LTE 和 NR 邻区配置都是在 LTE 上完成的。

6.2.2.2　NSA 切换原理

NSA 的切换可以分为 LTE 侧切换和 NR 侧切换，二者可以独立。

（1）LTE 侧切换：锚点的切换与 LTE 网络切换一致。LTE 切换后，NR Leg 先去腿再按新接入小区所定义规则加腿。

NR 添加的流程如下所述。

➢ 测量控制下发。

➢ 测量报告上报，UE 根据 MeNB 下发的 SgNB 测量控制进行测量；若 RSRP 测量值大于门限，则上报 B1 事件测量报告。

➢ MeNB 收到 SgNB 的 B1 事件测量报告后，触发基于 X2 接口的 NR 添加流程。

（2）NR 切换：5G 采用 A3 事件触发。A3 事件表示邻区信号质量开始比服务小区信号质量要高出一定的门限值。

6.2.2.3　NSA 切换参数

下表列出了当前某主流厂商主要的切换参数设置情况，后续建议根据试点网络实测优化的经验进行调整。主流厂商 NSA 主要切换参数见表 6-8。

表6-8　主流厂商NSA主要切换参数

LTE		参数名称	参数含义	参数设置值
A3	A3-Offset	IntraFreqHoGroup. IntraFreqHoA3Offset	该参数表示同频切换中邻区质量高于服务小区的偏置值。该值越大，表示需要目标小区有更好的服务质量才会发起切换	2

（续表）

LTE		参数名称	参数含义	参数设置值
A3	hysteresis	IntraFreqHoGroup.IntraFreqHoA3Hyst	该参数表示同频切换及异频切换测量事件 A3 的幅度迟滞，可减少由于无线信号波动导致的同频或异频切换事件的触发次数，降低乒乓切换以及误判，该值越大越容易防止乒乓切换和误判	2
	timetotrigger	IntraFreqHoGroup.IntraFreqHoA3TimeToTrig	同频切换时间迟滞：该参数表示同频切换及异频切换测量事件 A3 的时间迟滞	320ms
	triggerQuantity	IntraRatHoComm.IntraFreqHoA3TrigQuan	A3 测量触发类型：该参数表示同频切换测量事件触发的类型，分为 RSRP 和参考信号接收质量（Reference Signal Receiving Quality，RSRQ）	RSRP
B1	b1Threshold	NrScgFreqConfig.NsaDcB1ThldRsrp	该参数表示 LTE 配置 5G SCG 时测量 B1 事件的 RSRP 触发门限，若 RSRP 测量值超过该触发门限，将上报 B1 测量报告	−110
	hysteresis	NA		
	timetotrigger	NrB1TimeToTrigger	NR B1 事件时间迟滞：该参数表示测量 NR 频点 B1 事件时间迟滞。当 NR 小区的信号质量满足 B1 进入条件，并不立即上报，当信号质量在该参数给定的时间内，一直满足进入条件，才触发上报该事件测量报告	40ms
	triggerQuantity	NA		RSRP
NR		**参数名称**	**参数含义**	**参数设置值**
A3	A3−Offset	gNBMeasCommParamGrp.RsrpOffset	该参数表示邻区 RSRP 高于服务小区的偏置值	2
	hysteresis	gNBMeasCommParamGrp.Hysteresis	该参数表示测量事件的幅度迟滞，可减少由于无线信号波动导致的测量事件的乒乓触发次数和误判	2
	timetotrigger	gNBMeasCommParamGrp.TimeToTrigger	该参数表示测量事件时间迟滞，可以减少偶然性触发的测量事件上报	320ms
	triggerQuantityA3	NA		RSRP

6.2.3 空闲态小区重选参数

参数说明：定义空闲态 NR 小区的小区重选的优先级、重选门限等。

配置要求：原则上设置 NR TDD 频点的优先级比 LTE FDD 频点的优先级高，

在 NR 信号质量高于空闲重选门限（ThreshX，High）区域时，使终端驻留在 5G 小区上。

NSA 网络空闲态在 LTE 网络，重选应与 LTE 一致。

6.2.4　锚点规划

6.2.4.1　室外锚点

在规模商用的场景下，对于锚点站选择，建议 5G 与 4G 基站为 1∶N 配置，充分利用 5G 网络，选站原则如下所述。

（1）5G 与 4G 共站选择，以 5G 站点为中心，选择距离 100m 内的基站作为锚点。

（2）基于 5G 共站的 4G 站点，基于网管统计该 4G 站点的两两切换关系，切换 TOP 小区对应站点作为锚点站点。

（3）基于地理位置选择，以该 5G 站点为基准，选择该点外的 2 ～ 3 层 4G 站点作为锚点站点。

（4）基于 4G MR 覆盖选择，将基于 5G 共站的 4G 站点的 MR 覆盖范围作为该 5G 站点的锚点范围，在该范围内的 4G 站点作为锚点站点。

（5）基于仿真规划选择，通过仿真 5G 站点的有效覆盖范围，选择覆盖范围内的 4G 站点作为锚点。

建议采用原则（1）为必选（保证基本功能可用），其他选站原则相结合的方式选择站点。

对于连续覆盖基础网的频段，建议优先选择，双频区域则需要将两个频段同时配置为锚点。

6.2.4.2　室分锚点选择

室分锚点站选择参见 9.4.3 和 9.5.3。

6.3　终端适配相关参数

6.3.1　上行 / 下行 DMRS 的类型

参数说明：该参数用于配置上行 / 下行 DMRS 的类型。

配置要求：针对芯片厂商 1 的终端，现阶段适配中需要配置为 TYPE1，针对芯片厂商 2 的终端配置 TYPE1 和 TYPE2 都可以。本参数取值为 TYPE1 时，上行 DMRS 端口数为 4 端口每 DMRS 符号，多用户配对性能较好；当本参数取值为 TYPE2 时，上行 DMRS 端口数为 6 端口每 DMRS 符号，多用户配对性能较差。

6.3.2 上行 / 下行 DMRS 的位置

参数说明：该参数用于配置上行 / 下行附加 DMRS 的位置（隐含符号个数）。

配置要求：芯片厂商 1 在测试的过程中建议配置为 POS2。当本参数取值为 NOT_CONFIG 时，不配置附加 DMRS；当本参数取值为 POS1 时，附加 DMRS 符号数为1；当本参数取值为 POS2 时，附加 DMRS 符号数为2；当本参数取值为 POS3 时，附加 DMRS 符号数为3。

与终端适配过程中发现的其他问题，可参见案例 1 和案例 2。

案例 1 如下所述。

用户在 5G 网络中关闭 5G 开关，然后立刻打开 5G 开关，重新回到 5G 的最快时间为 22s。问题结论：需要芯片厂商 1 的终端调整更快触发业务以及调整 TAU 类型。

（1）手机从 4G 回到 5G 需要 9s，8s 是由终端侧控制的，与基站无关。

（2）关闭 5G 开关后，TAU 到 4G 网络耗时 13s，这是由 UE 发起的 TAU 类型不对导致的。

案例 2 如下所述。

多用户测试时，芯片厂商 1 反馈，室分基站概率性不下发 CSI-Report 配置给高通终端，导致芯片厂商 1 的终端吞吐量低。

（1）基站设备和芯片厂商 1 对于 CSI-Report Framework 信元上报的位置存在理解上的分歧，导致不配置 CSI。

（2）调整小区 CSI-RS 周期扩展资源，增加用户数，兼容芯片厂商 1 的终端处理。

第 7 章

5G 无线网络优化流程与方法

7.1 总体介绍

作为一种新的技术，5G 无线网络优化工作与其他标准制式的网络优化，在整体优化流程上是大致相同的，也分为单站优化、簇优化和全网优化。5G 无线网络优化整体流程如图 7-1 所示。

4G/5G 重点优化的不同之处主要在于具体的优化方法、优化对象、优化参数。4G/5G 重点优化内容对比见表 7-1。

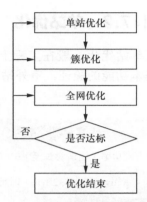

图7-1　5G无线网络优化整体流程

表7-1　4G/5G重点优化内容对比

	优化内容	4G 优化内容	5G 优化内容
基础参数优化	工程参数优化	• 工程参数优化：优化调整站点高度、方位角、机械下倾角、电子下倾角 • 功率优化：调整初始参考信号功率	• 在 4G 优化内容的基础上，64T64R 等多通道设备会采用无电下倾优化方式
	邻区优化	• LTE 和 LTE 之间的邻区漏配、错配、冗余优化，且邻区基本都已实现自动配置	• NSA 场景下：要完成 LTE 和 LTE、NR 和 NR、LTE 和 NR 3 种邻区配置和优化，且在建网初期，大部分邻区和 X2 接口都需要依靠手工配置，漏配、错配的可能性会大幅提升
	PCI 等规划参数优化	• LTE 支持 504 个 PCI	• NR 支持 1008 个 PCI
	Massive MIMO 权值优化	• 不是 4G 重点	• 5G 优化重点：在初始预置电下倾角的情况下调整水平波宽和垂直波宽，组合模式复杂，参数配置灵活多变
异常事件	路测异常事件优化	• 接入、掉线、切换等优化	• 接入：NSA 网络用户需要双连接，5G 用户除了能够正常接入 4G 网络，还需要能够在此基础上建立 5G 副载波的连接 • 切换：在 NSA 网络中，包括 LTE 锚点小区之间的切换；当锚点小区未变更时，会有 NR 小区之间的切换

（续表）

优化内容		4G 优化内容	5G 优化内容
覆盖优化	信号强度和质量	• 小区 CRS 的 RSRP 和 SINR	• 建网初期轻载或空载情况下使用广播波束的 RSRP 和 SINR • 网络成熟期使用 CSI 的 RSRP 和 SINR

7.2 单站优化

单站优化一般在工程上称为单站验证，主要完成对单站接入、切换、速率等基本功能的验证。室外站单站优化测试见表 7-2。

表7-2　室外站单站优化测试

业务测试情况		尝试次数	成功次数	失败次数	成功率
接入成功率（注册尝试至 PDU 建立成功）					
Active Ping（32Byte）时延测试					
切换成功率					
TCP 吞吐量测试		峰值	近点	中点	远点
（TCP）下行吞吐量	CSI RSRP（dBm）				
	Average CSI SINR（dB）				
	下行吞吐量（Mbit/s）				
（TCP）上行吞吐量	CSI RSRP（dBm）				
	Average CSI SINR（dB）				
	上行吞吐量（Mbit/s）				

7.3 簇优化

7.3.1 簇优化流程

簇（Cluster）优化按满足条件启动区域的拉网评估，完成拉网评估后输出优化方案，对优化方案实施验证，在完成多轮的优化迭代后实现目标。簇优化整体流程如图 7-2 所示。

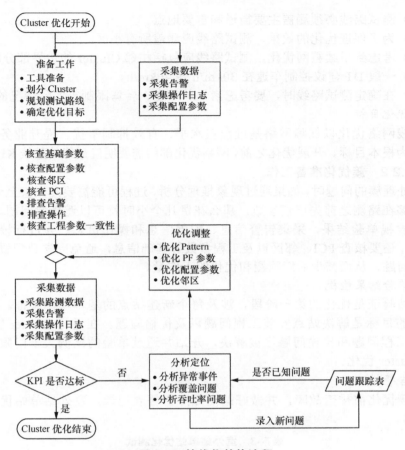

图7-2 簇优化整体流程

7.3.2 簇优化方法

7.3.2.1 簇的划分及路线选择

1. Cluster 划分原则

Cluster 测试之前需要把目标区域划分成不同的 Cluster。合理的簇划分能够提升路测和优化效率，并能充分考虑邻区的影响。Cluster 划分原则有以下建议：Cluster 内站点数量应根据实际情况，20 ～ 30 个站点为一簇，不宜过多或过少。同一Cluster 不应跨越不同类型的区域，同时需要考虑地形因素的影响。

路测工作量因素影响：在划分 Cluster 时，需要考虑每一 Cluster 中的路测可以在一天内完成，通常一次路测 3 ～ 4h 为宜。

2. 测试路线规划

在路线规划中，应考虑以下因素。

（1）测试路线必须涵盖主要街道和重要地点。

（2）为了保证优化的效果，测试路线应涵盖所有小区。

（3）考虑到后续整网优化，测试路线应包括相邻 Cluster 的边界部分。

（4）一般 DT 建议控制车速在 30km/h ～ 40km/h。

（5）在确定测试路线时，要考虑诸如单行道、转弯限制等实际情况的影响。

3. 优化目标

无线网络优化以保障网络基础覆盖水平、有效抑制干扰、提升业务上传下载速率为根本目标。开展优化之前，网络优化部门需要明确最终的基线 KPI 目标。

7.3.2.2 簇优化准备工作

在处理簇的问题时，如果通过现象推理分析，过程可能需要几天甚至十几天。如果能够在路测之前先核查参数，那么花费几个小时就可以避免此问题。因此，建议先检视单验结果，采集告警信息、配置信息和操作日志，并进行核查。除此之外，还要核查 PCI、邻区以及工程参数等基础信息，避免因参数配置不正确导致的问题，从而减少后续路测和优化的工作量。

1. 单验结果检视

单站验证是优化的第一阶段，涉及每个新建站点的基本功能验证。单站验证工作的目标是解决站点安装工程问题以及传输问题。在进行 Cluster 优化前，要确保工程问题和传输问题已被解决，开站并通过单验的比例大于门限，才能开始 Cluster 优化。

2. 告警排查

在簇优化前排查故障，并做好站点故障告警表记录。室外站单站优化测试见表 7-3。

表7-3　室外站单站优化测试

序号	基站 ID	5G 站点名称	告警
1			
2			
3			

3. PCI 核查及 ZC 根序列核查

PCI 核查主要包括以下内容。

（1）配置信息与 PCI 规划结果是否一致，检查工程参数与配置信息是否相同。

（2）PCI 小区冲突检测和混淆核查。

（3）PCI 相同 MOD30 复用距离核查。

（4）ZC 根序列核查。

随机接入的前导序列通过 ZC 根序列循环移位生成，ZC 根有冲突或者复用距离不足可能会引发接入类问题，因此 ZC 根序列核查的主要项目包括：一层邻区的同频同 ZC 根冲突，同频同 ZC 根复用距离核查，预留 ZC 根核查等。

4. 邻区核查

在 NSA 组网场景，至少需要配置 LTE 和 LTE、LTE 和 NR 以及 NR 和 NR 3 种邻区。

（1）LTE 和 LTE 之间的邻区：在 NSA 组网场景，信令面全部在 LTE 侧承载，所以 LTE 侧网络的连续性是 NR 业务连续性的基础。在测试范围内，终端可能驻留的 LTE 频点应配置双向同频邻区。如果终端支持 LTE 的异频切换，且在当前 LTE 网络配置策略下，终端有可能做异频切换，还需要根据情况设置 LTE 和 LTE 的异频切换，确保测试终端在 LTE 网络的连续性。

（2）LTE 和 NR 之间的邻区：在 NSA 组网场景，终端受限在 LTE 侧接入，利用 B1 测量结果选择合适的 NR 小区，添加该小区作为辅站。B1 测量会基于配置的邻区进行测量，所以需要在 LTE 配置 NR 邻区，如果测试终端可能驻留在多个 LTE 频点，则 LTE 的各频点都需要配置 NR 邻区。在初始配置时，建议配置 LTE 站点拓扑至少三层 NR 邻区。LTE 和 NR 的邻区配置，主要分为 3 个部分：PCC 和 NR DC 频点配置、外部小区和邻区。

（3）NR 和 NR 之间的邻区：终端驻留 LTE 小区不变时，在 NR 小区间移动会执行辅站变更流程，辅站变更基于 NR 的 A3 同频测量。A3 测量对象依赖于配置的 NR 同频邻区，NR 小区间建议配置为双向邻区。

5. 配置核查

5G NSA 组网不只有 NR 侧的配置，还涉及大量 LTE 侧的配置参数，在启动路测前，建议先使用工具核查配置参数，避免出现错配、漏配的情况。

7.3.2.3 路测异常事件分析

1. 接入失败

参数配置错误或锚点配置错误导致 NR 无法接入，终端驻留在 LTE 网络，无法占用 NR 信号，需要核查 LTE、NR 的配置以及 LTE 和 NR 的互操作参数。

2. PScell 变更失败

在 NSA 组网下的 PScell 变更可以分为以下两类场景。

（1）LTE 小区发生切换时，先删除已添加的 PScell，切换完成后再重新添加 PScell。

（2）LTE 小区未发生切换，NR 同频小区间变更。

对于场景一，常见原因是没有配置 LTE → NR 的异系统邻区，导致即使测量报告上报满足门限也不会添加该 NR 小区。

3. 频繁 / 乒乓切换

2s 内存在两次及以上切换可以定义为频繁切换，如果频繁切换的小区切换关系存在小区 A → B → A 的场景，则称为乒乓切换。

通过分析主服和邻区信号，可以优化终端频繁变更的方法有以下两种。

（1）确定主服小区：确定主服小区有降低邻区信号强度和增强主服小区信号

强度两个手段。对于越区的邻区,优先调整邻区的下倾、功率和 Pattern 等参数,降低邻区信号的强度。

(2)切换参数不合理:根据基于 A3 的同频切换机制,通过调整切换配置的 CIO、事件迟滞和幅度迟滞,可以避免切换到不必要的小区,从而避免频繁切换。

7.3.2.4 覆盖优化

5G 覆盖优化主要是消除网络中存在的弱覆盖(含覆盖空洞)、重叠覆盖和无主服务小区 3 种问题。

1. 弱覆盖优化

如果某区域接收到的各小区信号都低于弱覆盖的标准(例如,−100dBm,根据运营商制定的标准),导致终端接收到的信号强度很不稳定,空口质量很差,容易掉话,则认为是弱覆盖区域。

(1)原因分析:弱覆盖的原因不仅与系统中的许多技术指标,例如,系统的频率、灵敏度、功率等有直接的关系,与工程质量、地理因素、电磁环境等也有直接的关系。引起弱覆盖的原因主要有以下几个。

① 建筑物等引起的阻挡。

② 设备故障原因。

③ 工程质量原因。

④ RS 发射功率配置低,无法满足网络覆盖的要求。

⑤ 网络规划考虑不周全或由不完善的无线网络结构引起。

(2)解决措施:调整天线方位角、下倾角等工程参数以及修改功率参数。在不满足优化的条件下,新建站点可以解决覆盖问题,即在弱覆盖地区找到一个合适的信号,并使之加强,从而改善弱覆盖的情况。

2. 重叠覆盖优化

(1)原因分析:重叠覆盖问题主要体现为多个小区存在深度交叠,RSRP 较好,但是 SINR 较差,或者多个小区之间乒乓切换时用户感受差。可以使用两种方式来判断是否存在重叠覆盖问题:一是设置 SINR 门限,低于该门限则认为干扰较严重;二是与最强小区 RSRP 相差在一定门限(一般 3dB)范围以内的邻区个数在两个以上。其中,方式二是为了排除弱覆盖,因为弱覆盖也会导致 SINR 较差。

(2)解决措施:重叠覆盖问题主要是解决好切换区域的各小区覆盖电平强度关系,在切换区域最好是只有源小区及目标小区的信号,一定要控制好非直接切换的小区信号。主要的解决方法有以下 3 种。

① 识别问题路段的多个覆盖小区的主从关系。

② 通过调整权值、下倾、方位角、功率等手段加强主服务小区的覆盖。

③ 通过调整权值、下倾、方位角、功率等手段减小无主服务小区在问题路段的覆盖,减小干扰。

3. 无主服务小区优化

(1)原因分析:无主服务小区的问题是存在若干个与其 RSRP 信号强度相仿

的小区，通常判断门限为：−105dBm ≤ 服务小区 RSRP ≤ −90dBm，与其强度差异小于 6dB（与邻区 RSRP 差值＜6dB）的 PCI 个数 ≥ 3。无主服务小区容易造成 SINR 比较差，或者多个小区之间乒乓切换，用户感受差的问题。

（2）解决措施：关键是找到适合作为主服务的小区，并提升该小区的覆盖。主要的解决方法有以下 2 种。

① 从工程参数分析确定最适合用来作为该区域主覆盖的小区，通过调整抬升发射功率和下倾角来提升该小区的覆盖；如果明显不在天线主瓣方向，则考虑调整权值和天线方位角。

② 如果问题区域较大，仅通过调整权值、功率、方位角、下倾角难以完全解决，则考虑通过新增基站或者改变天线高度来解决。

7.3.2.5　速率优化

路测吞吐率问题的定界定位流程如图 7-3 所示。

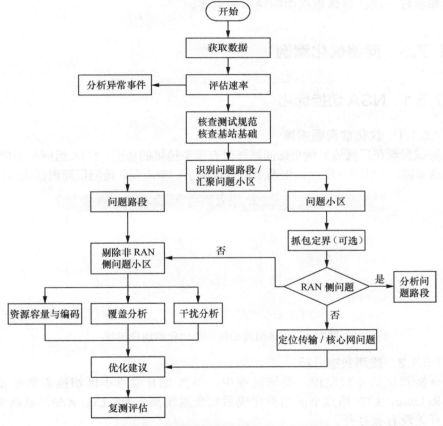

图7-3　路测吞吐率问题的定界定位流程

针对现场环境，选择天线的覆盖场景，根据设置的场景调整天线的波束形态。

同时，对接入、切换、掉话、数传等进行专题参数优化，提升 NR 的网络性能，降低异常事件的概率。

7.4 全网优化

完成分簇优化后可以进行全网拉测，根据拉测问题点完成全网优化，输出全网优化报告。

全网优化前建议采用工具核查全网 PCI 和 ZC 根序列，排除复用不合理的情况；核查全网邻区关系和外部小区信息，避免错配等。全网优化过程中应重点关注簇与簇边界的切换情况、覆盖情况，要一一分析拉测过程中发现的问题，并倒排时间计划逐一解决这些问题。

首次全网优化应在工程簇优化完毕之后进行，之后的全网优化可以每年或每半年执行一次，具体根据实际网络的需要。

7.5 网络优化案例

7.5.1 NSA 切换优化

7.5.1.1 优化前问题描述

测试发现在厂商边界两个站间路测时有速率掉坑的情况。NSA 组网站间切换优化前速率掉坑如图 7-4 所示。但两个站点都属于一个厂商，是同厂商内部切换问题。

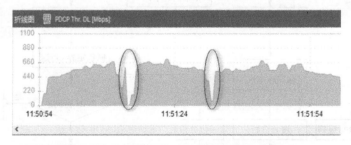

图7-4 NSA组网站间切换优化前速率掉坑

7.5.1.2 路测数据分析

分析测试信令时发现，路测过程中，每当 LTE 锚点小区切换必然触发 NR Cell Release，LTE 锚点小区切换完成后则会重新执行 NR Cell Add，显然带 SN 切换开关没有被打开。

7.5.1.3 优化方案实施及效果

（1）方案实施：打开带 SN 切换开关。

① 厂商 1 站点：在网管侧打开 SN 开关并设置相关参数。无线参数→ LTE FDD → E-UTRAN FDD → EN-DC 策略表，打开"带 SN 切换"开关。

② 厂商 2 站点：在保证切换的 4G 锚点站间已配置 X2 链路，同时在源和目的 4G 锚点站都与 5G NR 站点配置了 X2 链路的前提下，不需要设置额外的开关，即执行带 SN 的小区间切换。

（2）方案效果：解决了切换速率掉坑的问题，有效提升用户感知。NSA 组网站间切换优化后速率连续如图 7-5 所示。

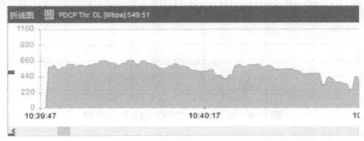

图7-5 NSA组网站间切换优化后速率连续

7.5.1.4 结论

在 NSA 网络下，前期由于锚点升级和 5G 开通不连片等原因，路测优化时无法带 SN 切换。5G 切换过程会先删腿，锚点切换后再加腿，导致切换出现掉坑，严重影响到网络连片下的性能提升和速率的连续性。因此，在某博览会室外连片优化中，排除万难推动了站点连片开通，为性能连续性和打造高质量的 5G 精品网络奠定了基础。后续需要借鉴经验对连片 5G 区域进一步进行带 SN 切换优化，实现高质量、高性能的连片网络。

7.5.2 干扰优化

7.5.2.1 干扰优化前问题描述

室外拉网测试过程中发现在某些覆盖很好的路段（SSB RSR >-80dBm，SSB SINR >20dB），下行业务速率较低。针对这些覆盖很好但业务速率较低的路段进行单点测试，发现部分路段存在以下两个问题。

问题 1：个别路段驻留测试小区上使用的 MCS 很低，与 SINR 不匹配。

问题 2：个别路段驻留测试小区上终端上报 RI 为 2，下行只能使用 2 流，导致下行业务速率受到限制。

7.5.2.2 干扰优化前问题分析

（1）问题 1 排查

检查加腿重配（RRC Reconfiguration）信令，发现终端驻留测试小区和周围邻区均采用 8P2B 配置，CRI 40 和 CRI 41 的 CSI-RS 资源用于 PMI 测量。但终端驻留测试小区的 CSI-RS 周期配置为 10ms，时隙偏移分别为 6 和 16。周围邻区的 CSI-RS 周期配置均为 20ms，时隙偏移分别为 10 和 30。两者配置不一致，导致周围邻区 CSI-RS 对终端驻留小区的固定时隙造成干扰。

时隙 10 上 CRC Fail 误块严重如图 7-6 所示。按时隙统计终端 CRC Fail 误块，发现时隙 10 上误块率在 85% 左右，显然终端在时隙 10 上受到了固定干扰。

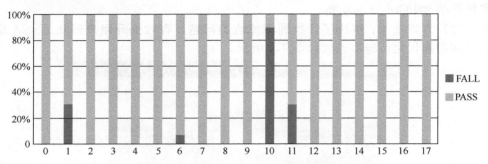

图7-6　时隙10上CRC Fail误块严重

（2）问题 2 排查

检查加腿重配（RRC Reconfiguration）信令，发现终端驻留测试小区的 CSI-RS 周期配置为 20ms，时隙偏移分别为 6 和 16。CSI-IM 周期配置为 20ms，时隙偏移为 16。加腿重配（RRC Reconfiguration）信令如图 7-7 所示。

```
csi-IM-ResourceToAddModList
{
{
csi-IM-ResourceId 0,
csi-IM-ResourceElementPattern pattern1 :
{
subcarrierLocation-p1 s0,
symbolLocation-p1 13
},
freqBand
{
startingRB 0,
nrofRBs 160
},
periodicityAndOffset slots20 : 16
},
{
csi-IM-ResourceId 1,
csi-IM-ResourceElementPattern pattern1 :
{
subcarrierLocation-p1 s0,
symbolLocation-p1 13
},
freqBand
{
startingRB 0,
nrofRBs 160
},
periodicityAndOffset slots20 : 16
}
},
```

图7-7　加腿重配（RRC Reconfiguration）信令

由配置可见，CSI-IM 配置与 CSI-RS 配置冲突，在终端进行干扰检测的位置上存在 CSI-RS 参考信号的发送，从而导致终端上报 RI 降低、信道质量指示（Channel Quality Indication，CQI）上报不准、下行业务速率降低的问题。

7.5.2.3 创新方案实施

将驻留测试小区 CSI-RS 周期和时隙偏移修改到与周围邻区一致（周期 20ms，时隙偏移分别为 10 和 30）。

7.5.2.4 指标对比

在该路段重新进行测试，下行平均 MCS 从 12 提升到 20，终端上报 RI 从 2 提升到 4，下行 MAC 层速率则从 138 Mbit/s 提升到 270 Mbit/s。参数修改前后路测指标对比见表 7-4。

表7-4　参数修改前后路测指标对比

	CSI 周期配置	SSB-RSRP（dBm）	SSB-SINR（dB）	下行 MCS	下行 RI	下行 MAC 层速率（Mbit/s）	下行 PDCP 层速率（Mbit/s）	下行 BLER	下行调度次数	下行平均调度 RB 数	QCQI
修改后	20ms，时隙偏移 10/30	−86	18.3	20	3.72	270.1	268.2	9.10%	1601	81.9	12
修改前	10ms，时隙偏移 6/16	−86	17.6	12	3.34	138.7	137.7	10.50%	1602	80.9	12

7.5.2.5 小结

CSI-RS 周期和时隙偏移需要全网配置一致，配置不一致时，会导致 CSI-RS 对其他小区的业务信道造成干扰，影响下行 MCS 和业务速率。

CSI-IM 周期和时隙偏移配置需要避免和 CSI-RS 配置发生冲突，否则会导致终端上报 RI 降低，CQI 上报不准，下行业务速率降低。

第8章

5G 网络天线美化探索与实践

8.1 5G 天线美化需求与挑战

8.1.1 5G 天线美化需求

从心理学的角度分析，人们对生活中常见的物体往往容易产生视觉疲劳，敏感度降低，因此可以考虑把 5G 天线伪装成生活中常见物体的形状，例如，空调室外机、排气管、方柱或水罐等，并涂上与现场环境协调一致的颜色和图案，减少视觉差异，从而实现天线美化的效果。

另外，为美化人们的生活居住环境，5G 基站有必要与周围环境协调一致，实现和谐美观，例如，采用美化景观塔、集束天线等方式。

在美化天线使用需求方面，呈现出多样化的需求，不同区域场景有着不同的侧重点，并有其对应适用的、典型的美化方案。场景划分及需求特点见表 8-1。

表8-1 场景划分及需求特点

序号	场景划分	需求特点	适用的、典型的美化方案
1	商务区	物业产权独立，受周边居民抵触和影响较小，以美化为主	小型化一体化美化天线、空调室外机等
2	高层住宅小区	物业产权不独立，受周边居民的影响较大	美化方柱、排气管、"变色龙"外墙装饰型等
3	低层住宅小区	物业产权不独立，受周边居民的影响较大	美化方柱、空调室外机、排气管、美化水罐等
4	城中村	物业产权不独立，受周边居民的影响较大	美化水罐、小型化一体化美化天线等
5	城市广场	政府产权，基站建设需符合城市规划要求，以美化为主	美化景观塔等
6	旅游景点	物业产权独立，以美化为主	仿生树形
7	工业区	物业产权独立，以美化为主	美化方柱、空调室外机、排气管、美化水罐等
8	学校	物业产权独立，以隐蔽为主	美化方柱、空调室外机、排气管等
9	交通干道	以美化为主	美化景观塔、仿生树形等

8.1.2 5G 天线美化挑战

8.1.2.1 5G 设备形态变化

传统 2G 基站设备多由落地机架、基站收发信站点（Base Transceiver Station，BTS）、无源天线组成，到了 4G 时代基站设备基本已经由安装组网更加灵活的 BBU+RRU、无源天线的方式代替。传统基站天馈系统如图 8-1 所示。

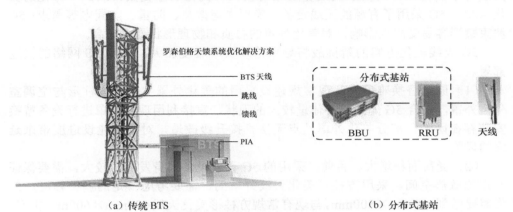

（a）传统 BTS （b）分布式基站

图8-1 传统基站天馈系统

由于 5G 系统采用 Massive MIMO 技术，其天线端口多、接线困难，且高频段信号的馈线损耗明显加大，因此 5G 基站设备衍生出全新的由射频单元与天线整合的有源天线单元（AAU）形态。AAU 是有源设备，它集成了射频和天线系统，简化了天面，减少了安装空间，但由于重量大、有散热需求对安装也提出了新的要求。5G 基站 AAU 设备如图 8-2 所示。典型 5G AAU 与 4G 天线和 RRU 对比见表 8-2。

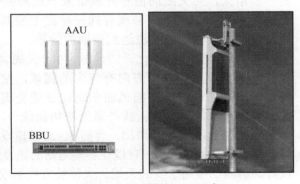

图8-2 5G基站AAU设备

表8-2 典型5G AAU与4G天线和RRU对比

对比项	5G AAU	4G 天线和 RRU
尺寸	860mm × 395mm × 190mm	1310mm × 265mm × 90mm（天线）
重量	40kg	14kg（天线） 15kg（RRU）
最大功耗	1000W	330W（RRU）

8.1.2.2 传统美化方案对 5G 基站美化的挑战

5G 系统采用了 Massive MIMO 技术，天线以 AAU 形态为主，比 4G 的无源天线与射频模块分离的形态更为简洁紧凑，但同时也对天线美化带来了新的挑战：5G AAU 与 4G 的天线体积与重量相比均有所增大，美化外罩会增大体积和受风面积，例如，广东省属于台风多发地，受荷载限制，使用场景受限；5G 天线阵子的排列方式要求天线宽度相对较大，美化造型受限，缺少一体化的美化 AAU；5G 采用了有源的天线设备，需要考虑散热、防雷、防漏电等需求；5G 波束赋形容易受阻挡影响，对美化外罩的材质和物理形状要求较高。

5G 天线美化方案的新挑战将导致落地实施难度加大，影响 5G 网络的快速部署。

（1）原址替换难度大。现常规建设采用的美化外罩主要是方柱形与空调室外机外罩，结合 5G 无线设备体量较大的现状，直接利用现有外罩进行设备替换安装存在困难，部分美化外罩站点无法直接升级改造，对整体建设进度带来延缓的风险。

（2）受荷面积增大。目前，采用的 5G 无线设备本身发热量较大，需要保证一定的散热空间。采用方柱形美化天线外罩的，需要考虑一定的调整幅度，外形需要做到 800mm×800mm，与现有常规方柱形美化天线 600mm×600mm 相比，整体受荷面积增加 30%。现在的美化天线外罩主要以外罩材料本身承受风力等水平荷载，受荷面积增加，外罩厚度相应地也需要增加，外罩的整体荷载也将进一步增大，对天线的信号外放带来一定的影响。从外观上看，5G 方柱形美化天线外罩的体量较大，与现有同一屋面上的其他常规方柱形美化天线外罩无法协调统一，美化效果无法达到预期的效果。

如果采用空调形美化天线外罩，由于天线宽度、厚度均比常规天线的尺寸大，以及可调下倾角、左右方向有较大的需求，空调形美化天线外罩是以 5 匹空调外形为主，整体较重，挡风面积也比普通空调形美化天线外罩大，与现有同一屋面上的其他常规美化天线外罩无法协调统一，美化效果无法达到预期效果。

（3）物业协调难度增加。伴随 5G 站点建设密度的增加，需要选用更多的现有房屋屋面安装美化天线。在以往各期基站的建设过程中，覆盖较为有利且结构情况较好的房屋已被用于安装天线。大体量方柱形或空调形美化天线外罩站点的建设，将受限于多变的房屋结构情况以及无法与周边和谐一致的物业协调。

（4）美化天线外罩固定施工难度增大。美化天线常规的固定方式是利用螺栓固定在已有建筑物的结构层，螺栓固定长度越长，产生的抗拔力越大。考虑到已有建筑物屋面结构层厚度常为 100mm～120mm，为避免天线安装过程击穿、震裂现有楼板，实际螺栓锚固深度多为 60mm。如果采用大体积的方柱形美化天线外罩，则需要采用更多螺栓去固定，施工、协调工作的难度也随之增加。

（5）美化形式过于单一，无法满足各种场景的需求。目前，5G 天线美化主要以方柱形美化天线外罩和空调形美化天线外罩为主，形态相对单一，无法有效满足各种具体的美化需求。例如,对于空间较小的天面,现网 4G 多采用美化排气管天线,占地较小且美化效果较好,5G 有待开发小型化、多样化的美化产品形态。

8.2 现有 4G 天线美化方式

4G 时代,随着城市建设向着"生态城市""绿色城市"迈进和人们环境意识的不断加强,美化天线的需求不断增加,且广泛应用于城市的无线网络建设中,部分发达城区的应用比例已经超过了常规的基站天线。

历经 2G、3G 到 4G 无线网络建设,到目前已衍生出各式各样的天线美化方式,总体上可以分为一体化美化天线和美化天线外罩两大类,具体每个大类又包含多个小类。4G 现有天线美化方式分类如图 8-3 所示。

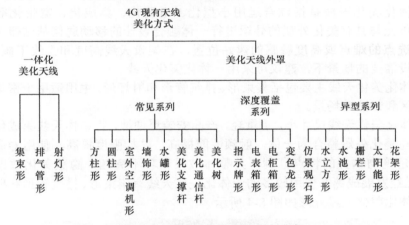

图8-3 4G现有天线美化方式分类

美化天线的选用及安装需要综合考虑基站所在的楼房、周边的环境、业主的要求、施工的难度以及经济性等各种因素,要遵循产品安装后与环境和谐的原则设计。在选择天线美化方式时,工程师不能仅仅考虑天线隐蔽而采用与环境格格不入的美化产品,从而影响环境的和谐。传统美化方案的适用场景见表 8-3。

表8-3 传统美化方案的适用场景

1 美化天线	2 一体化美化天线			3 常见美化天线外罩							
4 覆盖场景	5 集束形	6 排气管形	7 射灯形	8 方柱形	9 圆柱形	10 室外空调机形	11 墙饰形	12 水罐形	13 美化支撑杆	14 美化通信杆	15 美化树
商业区	√	√	√	√	√	√	√		√	√	√
多层住宅小区	√	√	√	√	√	√	√		√	√	√
高层住宅小区	√	√	√	√	√	√			√	√	√

（续表）

1 美化天线	2 一体化美化天线			3 常见美化天线外罩							
4 覆盖场景	5 集束形	6 排气管形	7 射灯形	8 方柱形	9 圆柱形	10 室外空调机形	11 墙饰形	12 水罐形	13 美化支撑杆	14 美化通信杆	15 美化树
城中村	√	√	√	√	√	√	√	√	√		
交通枢纽	√	√	√		√		√			√	√
旅游景点	√		√							√	√
交通干道	√		√							√	√

8.2.1 一体化美化天线

一体化美化天线是指综合运用小型化、电调化、集成化、宽带化等技术，将辐射单元与具有美化外观的外罩进行一体融合设计的移动通信基站覆盖天线。在物业选点的难点或高度敏感的建站位置，在架设天线高度和天线下倾角满足网络建设需要的场景下，建议可采用一体化美化天线。

一体化美化天线主要包括集束形、排气管形和射灯形，主用适用于密集市区、普通市区和郊区等场景。

一体化美化天线尺寸小，重量轻，产品安装更便捷，将单体天线集成化设计，将天线与美化外罩整合为一体，射频性能提高、结构强度提高、使用寿命延长。可根据建筑物本身的特点订制，其整体效果精巧不突兀，隐蔽美化效果更好。目前，已经发展成熟并使用较多的一体化美化天线有集束形、排气管形和射灯形。常见一体化美化天线外形如图 8-4 所示。

集束形　　　　　　　　排气管形　　　　　　　射灯形

图8-4　常见一体化美化天线外形

集束形美化天线需要结合杆塔整体外观、天线技术及覆盖要求综合考虑后适度使用。集束形美化天线可安装于预留安装的通信杆塔的顶端。

排气管形美化天线的使用范围较广，一般楼房安装不会破坏建筑的和谐与美观，而且排气管形美化天线对楼房高度的要求较低。排气管形美化天线可安装于住宅小区、民房、厂房、高层楼宇、繁华商业区、学校等。

射灯形美化天线可贴墙安装也可在楼顶上安装，外观造型与常规射灯一致，适用于楼层较高的基站。其主用应用于住宅小区、厂房、商业区、酒店、学校、普通写字楼（非玻璃幕墙）和安装高度较低的街道站。

8.2.2 美化天线外罩

美化天线外罩是在基站天线的外面加上具有美化效果的外罩，主要概括为常见系列、深度覆盖系列、异型美化系列三大类。

8.2.2.1 常见系列

常见的美化天线外罩主要类型及适用场景见表 8-4。

表8-4 常见的美化天线外罩主要类型及适用场景

美化天线外罩类型	适用场景
方柱形	密集市区、普通市区、郊区等
圆柱形	
室外空调机形	高级住宅小区、写字楼、商务区等对环境要求比较高的区域尤其适用
墙饰形	主要用于住宅小区、厂房、商业区、酒店、学校、普通写字楼（非玻璃幕墙）
水罐形	一般用于城中村或郊区／开发区
美化支撑杆	主要用于楼顶电梯间或局部高出的顶台或楼体顶台等
美化通信杆	一般用于大型广场、旅游景点、宽阔空地
美化树	主要用于公园、风景区、城市绿化带、道路、街道等场景

（1）方柱形。方柱形美化天线外罩是将天线外罩仿造为方柱，使用范围较广，一般楼房安装与楼房建筑风格相仿的方柱不会破坏建筑的和谐与美观，而且方柱形美化天线外罩对楼房高度的要求较低。方柱形美化天线外罩主用适用于密集市区、普通市区、郊区等场景，可安装于住宅小区、民房、厂房、高层楼宇、繁华商业区、学校等地方。具体常见场景为大楼顶部有方柱结构的环境，主要安装于楼顶电梯间或局部高出的顶台，一般采取定制图案，使美化天线外罩的颜色外观与楼体建筑风格一致，不易被发觉。常见方柱形美化天线外罩示例如图 8-5 所示。

（2）圆柱形。圆柱形美化天线方案是指将天线的美化外罩设计成圆柱外形。圆柱形美化天线方案一般适用于大楼顶部有圆柱结构的环境，主要安装于楼顶电梯间或局部高出的顶台，一般采取定制图案，使美化天线外罩的颜色外观与楼体建筑风格一致，不易被发觉。常见圆柱形美化天线外罩示例如图 8-6 所示。

（3）室外空调机形。空调形美化天线外罩是通用性和隐蔽性较好的美化方案。由于空调室外机是常见的楼体附属物品，适用于大多数楼面，在高级住宅小区、写字楼、商务区等对环境要求比较高的区域尤其适用。空调形美化天线外罩可以安装于楼顶，对于楼层较高的基站，安装于外墙或阳台。对于街道基站则没有高度的要求。

产品外形示例一　　　　　　　　产品外形示例二

图8-5　常见方柱形美化天线外罩示例

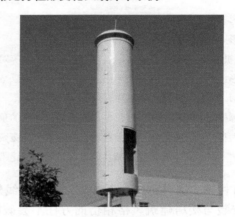

产品外形示例一　　　　　　　　产品外形示例二

图8-6　常见圆柱形美化天线外罩示例

这种美化方式能够很好地与周边环境协调一致，实现隐蔽的效果。但是该美化方式最高只能做到4m，容易影响覆盖效果，不适合楼体高度较低的站点采用。室外空调机形示例如图8-7所示。

（4）墙饰形。墙饰形美化天线外罩隐蔽效果好，可以灵活地应用于商业区以及居民区等覆盖场景，但该方式安装和维护较为不便，建议安装场所为楼顶电梯间、局部高台外侧墙或楼体平整外墙，建议选择外墙梁柱安装；其中，砖墙安装需要使用适合该类墙体的锚固螺栓。

"变色龙"形美化天线属于贴墙安装的产品，可仿造成楼房外墙的一部分或柱子形状，由于安装位置受限，适用于楼层较高的基站。其主用应用在住宅小区、厂房、商业区、酒店、学校、普通写字楼（非玻璃幕墙）和安装高度较低的街道站。

图8-7 室外空调机形示例

常见墙饰形美化天线外罩示例如图 8-8 所示。

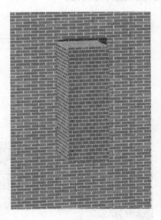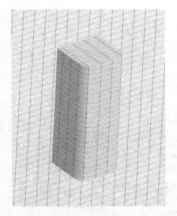

方形 弧形

图8-8 常见墙饰形美化天线外罩示例

（5）水罐形。水罐形美化天线外罩的设计思路是将天线外罩仿造为安装于楼顶的水罐，使天线巧妙隐藏。由于水罐一般安装于郊区民房、厂房、仓库、普通住宅楼房等地方，因此水罐形美化天线外罩适用于一般密集城市、郊区厂房、郊区民房、郊区仓库等非密集市区。常见水罐形美化天线外罩示例如图 8-9 所示。

（6）美化支撑杆。美化支撑杆造型美观，外观不易察觉，跳线隐藏于美化支撑杆的外罩内部，从下端出线孔走出跳线，整体安装方便简洁，但是天线架高有所限制。建议安装场所为楼顶电梯间或局部高出的顶台或楼体顶台。美化支撑杆示例如图 8-10 所示。

（7）美化通信杆。美化通信杆是普通通信杆的改进型产品，杆体以及平台做了造型设计，有多种造型可以选择，一般安装于大型广场、旅游景区、宽阔空地等，外观多为标准颜色和图案。美化通信杆示例如图 8-11 所示。

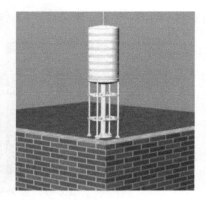

仿不锈钢色 白色

图8-9 常见水罐形美化天线外罩示例

图8-10 美化支撑杆示例

图8-11 美化通信杆示例

（8）美化树。美化树通信杆仿造成真实树木的样式，高度一般为 8m～30m，因此适用于所有地面的基站，尤其是公园、风景区、城市绿化带、道路、街道等场景。美化树示例如图 8-12 所示。

图8-12　美化树示例

8.2.2.2　深度覆盖系列

深度覆盖系列包括指示牌形、电表箱形和电柜箱形。深度覆盖系列示例如图 8-13 所示。

指示牌形　　　　　　　　电表箱形　　　　　　　　电柜箱形

图8-13　深度覆盖系列示例

指示牌形多安装在道路、小区、灯杆、外墙等地方，适用天线为 200mm×250mm×1000mm 以内小天线；电表箱形一般安装在外墙，适用天线为 450mm×250mm×100mm 以内微小天线；电柜箱形主要用于户外，适用天线为 200mm×400mm×800mm 以内微小天线、RRU 等。

8.2.2.3　异型美化系列

异型美化系列包括仿景观石形、水立方形、水池形、栅栏形、太阳能形和花架形。异型美化系列示例如图 8-14 所示。

仿景观石形的适用环境为公园、别墅小区和山顶，可安装 3～15 副常规天线；水立方形、水池形、栅栏形的适用环境为楼顶和山坡，同样可安装 3～15 副常规天线；太阳能形和花架形主要适用于楼顶，太阳能形空间较小可安装 1 ~ 2 副常规天线，花架形可安装 3 ~ 6 副常规天线。

仿景观石形　　　　　　　水立方形　　　　　　　水池形

栅栏形　　　　　　　太阳能形　　　　　　　花架形

图8-14　异型美化系列示例

8.3　5G 天线美化解决方案

为了应对 5G 天线的美化需求和建网挑战，在美化方式、设备形态、天线阵子排列等方面提出相应的 5G 天线美化解决方案和思路。

8.3.1　美化外罩

8.3.1.1　普通型美化外罩

普通型美化外罩方案和 4G 基本类似，可以根据不同的场景选择方柱形、圆柱形、空调形、水塔形、栅栏形等美化方案。5G 设备 AAU 是有源设备，有散热需求，需要在美化外罩设置散热通风口，同时需要防止设备电源漏电。普通型美化外罩的大小基本在 800mm×800mm 以上（圆柱形直径在 850mm 以上）。

下面以方柱形美化外罩为例做相关介绍。

方柱形美化外罩的尺寸是 800mm×800mm，高度建议大于 2m，背部和侧面需开维护门，维护门的宽度约为 500mm。美化外罩里面安装天线要求机械下倾角可调 15°，水平方向可以调整的范围为 −45°～ 45°。

方柱形美化外罩需要开窗散热，开窗可以选以下任何一种方案。

（1）底部和顶部的 4 个侧面都开窗，开窗尺寸建议≥500mm×200mm。

（2）底部镂空≥600mm×600mm；顶部四面开窗，正面开窗尺寸建议≥500mm×200mm，侧面开窗尺寸建议≥500mm×200mm。

（3）顶部镂空≥700mm×700mm。

5G 方柱形美化外罩示例如图 8-15 所示。

图8-15　5G方柱形美化外罩示例

8.3.1.2　紧凑型美化外罩

5G 天线技术要求，天线正面与美化外罩需要有一定的间距要求，天线背面也需要预留散热空间。如果采用传统的方柱形美化天线外罩，天线安装为背面抱杆固定，考虑天线水平方向角可调控范围以及下倾角调控范围，需要留出足够的正面间距以及背面散热空间，美化外罩只能适当放大，不得小于800mm×800mm；如果采用紧凑型方柱形美化天线外罩，在方柱形美化天线外罩内设置两个抱杆，通过新型抱箍件将天线中部固定并设置到相应的下倾角，在确保天线正面与美化外罩间距不变以及背部散热空间不变的情况下，可将外罩控制为 600mm×600mm。

紧凑型美化外罩适用于天面安装空间有限的场景。由于紧凑型美化外罩的方向可调，柱体不能加斜撑，因而其高度不宜大于 4m。

8.3.2　"变色龙"喷漆

"变色龙"喷漆是天线美化的一种重要方式，通过喷涂 AAU 表面可提升 5G AAU 的环境融合性。美化喷涂由于适配场景复杂，颜色众多，需要根据现网环境的颜色确定色板，现场进行喷涂以实现快速适配。

"变色龙"喷漆对喷涂材质、喷涂颜色等有较为严格的要求，天线喷涂后应该不影响天线的正常使用，对天线参数的影响较低，达到美化天线和适应周围环境着色的要求。喷涂颜色会对设备表面温度有一定的影响，需要注意选择令表面温度上升较小的颜色，同时需要保护散热片、接地点、标尺、漏水孔/透气阀、标签等，避免涂料影响使用功能。"变色龙"喷漆美化方案示意如图 8-16 所示。

"变色龙"喷漆美化方案实施操作容易，造价较低，但美化效果一般，没有外罩形等美化效果好。

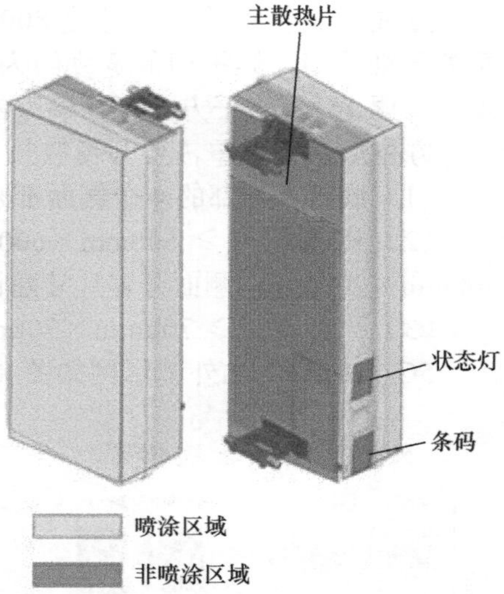

图8-16　"变色龙"喷漆美化方案示意

8.3.3　镜像贴膜

镜像贴膜是通过多层膜反射技术，在天线或美化外罩的外侧粘合镜像贴膜，以达到在视觉上隐蔽天线的效果，具有隐蔽性高、安装方法简单等特点。镜像贴膜的关键指标见表 8-5，镜像贴膜结构（上）和实物（下）如图 8-17 所示。

表8-5　镜像贴膜的关键指标

指标	镜像贴膜
材质	非金属（对电磁波无屏蔽作用）
温度	−55°C ～ 70°C
最高信号衰减	1dB
光反射率	大于 90%
适用场景	屋顶以及背景空旷的场景（不建议在低矮的挂墙场景采用）
工程施工注意事项	• 注意贴膜和天线或美化外罩清洁干净贴合完好，防止外膜凹凸影响其耐用性和反射效果 • 建议贴膜在天线出厂前完成

8.3.3.1　天线镜像贴膜技术

对于直接与天线契合的贴膜场景，由于没有美化外罩大小的安装限制，在安装天线的尺寸方面，此类型的美化外罩比传统美化外罩具有较大的优势，主要是在天线的正面和侧面贴膜，由于贴膜要求较高，建议在天线出厂前完成贴膜工作。

8.3.3.2　美化外罩镜像贴膜技术

镜像贴膜技术也可以应用在与美化外罩相结合的场景中，在原有美化外罩的正面贴膜，既可以保留原有的美化外罩，又可以提升美化外罩的隐蔽性。美化外罩贴膜（左）和美化效果（右）如图 8-18 所示。

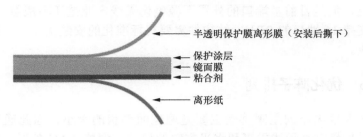

半透明保护膜离形膜（安装后撕下）

保护涂层
镜面膜
粘合剂

离形纸

图8-17　镜像贴膜结构（上）和实物（下）

图8-18　美化外罩贴膜（左）和美化效果（右）

8.3.4　外置无源美化天线

外置无源美化天线方案是指无源天线与 RRU 分离，无源天线与美化外罩一体化封装，RRU 安装在美化外罩外面，无源天线与 RRU 之间通过集束线缆连接。RRU 外置使其无源天线厚度变小，同时不需要考虑散热，可免除散热片，进一步减小了天线的厚度，使其更容易达到美化的效果。

外置无源美化天线受限于天线端口数量和馈线引入损耗，适用场景受限。若采用 64T64R 天线，天线与 RRU 之间的集束线缆较多，施工困难，建议外置无源美化天线的端口数不大于 16 个。对于 3.5GHz 的 5G 频段馈线损耗大，外置 RRU 安装位置与无源天线之间的距离也将受限。

外置无源美化天线采用 16T16R 天线后，天线体积更小，美化更灵活，适用场景更广泛，但是目前多端口的外置无源美化天线产业链还不成熟，5G 主设备厂商开发支持 16 端口的 RRU，结构件需要有标准化的安装接口及标准化集束线缆连接跳线。

8.3.5　优化阵子排列

人们对天线大小的主观感受主要是迎风面形状的大小，因此通过优化天线阵子排列，尽量缩小天线垂直和水平方向的尺寸，调整 AAU 外形，实现一体化美化 AAU。

8.3.5.1　天线阵子间隔

天线垂直和水平方向的尺寸是由阵子之间的间隔和阵子大小决定的。一般情况下，垂直方向的天线阵子间隔为 0.8 倍波长，水平方向的天线阵子间隔为 0.5 倍波长。天线阵子间隔及尺寸评估见表 8-6。

表8-6　天线阵子间隔及尺寸评估

		单位	3.5GHz 频段
波长	λ	m	0.086
垂直方向最小间隔	0.8λ	m	0.069
水平方向最小间隔	0.5λ	m	0.043
天线阵子尺寸（长 / 宽）		m	0.050

8.3.5.2　端口与天线阵子排列方案

目前，宏基站的 AAU 设备主要为 64 端口和 32 端口，AAU 天线端口排列有多种形式。调整端口和阵子排列可以改变 AAU 的外形，实现一体化的美化设备，但还是需要在美化外形和赋形性能之间寻求平衡。

（1）常见方案 1（64 端口）：4 行 8 列 /192 阵子。水平方向为 8 列，垂直方向为 4 行，阵子为交叉极化，端口数为 64 个，每端口驱动 3 个阵子，共 192 个阵子，Massive MIMO 阵子排列示意如图 8-19（a）所示。

（2）常见方案 2（32 端口）：2 行 8 列 /192 阵子。水平方向为 8 列，垂直方向为 2 行，阵子为交叉极化，端口数为 32 个，每端口驱动 6 个阵子，共 192 个阵子，Massive MIMO 阵子排列示意如图 8-19（b）所示。

（3）优化方案 1（32 端口）：4 行 4 列 /192 阵子。水平方向减少为 4 列，垂直方向保持为 4 行，阵子为交叉极化，端口数减少到 32 个，每端口驱动 6 个阵子，共 192 个阵子，Massive MIMO 阵子排列示意如图 8-19（c）所示。这个方案维持垂直方向上的 4 个波束赋形能力，相当于在水平方向上牺牲了一半的波束赋形能力。由于单端口驱动阵子数增加，引线距离有所增加，相应线损有所增加。

整体端口数减少为 32 个，功放单元的数量也减少。

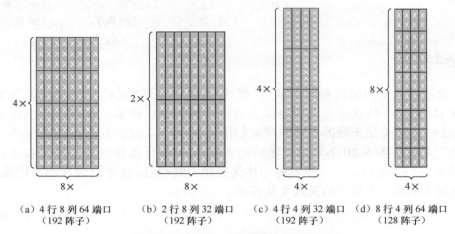

（a）4 行 8 列 64 端口　（b）2 行 8 列 32 端口　（c）4 行 4 列 32 端口　（d）8 行 4 列 64 端口
　　（192 阵子）　　　　　（192 阵子）　　　　　（192 阵子）　　　　　（128 阵子）

图8-19　Massive MIMO阵子排列示意

（4）优化方案 2（64 端口）：8 行 4 列 /128 阵子。水平方向减少为 4 列，垂直方向增加到 8 行，阵子为交叉极化，端口数保持为 64 个，每端口驱动 2 个阵子，共 128 个阵子，Massive MIMO 阵子排列示意如图 8-19（d）所示。这个方案增加了垂直方向上的端口数，减少水平方向的端口数，保持 64 端口，单端口驱动阵子数减少为 2 个。

8.3.5.3　各种端口阵子排列方案对比

Massive MIMO 天线配置及尺寸评估见表 8-7。表 8-7 中包括各种方案的端口、阵子、增益、自由度、垂直高度、宽度尺寸等，对比常见 64 端口和 32 端口 AAU 的阵子排列方式，两种优化方案可以使 AAU 的水平宽度减少，但会增加垂直方向的高度，同时也会降低赋形增益。

表8-7　Massive MIMO天线配置及尺寸评估

	4 行 8 列 （192 阵子）	2 行 8 列 （192 阵子）	4 行 4 列 （192 阵子）	8 行 4 列 （128 阵子）
端口行数	4	2	4	8
端口列数	8	8	4	4
交叉极化	2	2	2	2
端口总数	64	32	32	64
每端口驱动阵子	3	6	6	2
阵子总数	192	192	192	128
赋形增益（dBi）	24	22	22	21
垂直方向波束自由度	4	2	4	8
水平方向波束自由度	8	8	4	4

（续表）

	4行8列 （192 阵子）	2行8列 （192 阵子）	4行4列 （192 阵子）	8行4列 （128 阵子）
天线垂直高度（m）	0.80	0.80	1.63	1.08
天线水平宽度（m）	0.40	0.40	0.20	0.20

通过调整天线端口和阵子排列，把 AAU 的外观从"板状形"变为"长条形"，使 AAU 作为一体化的美化设备成为可能。5G AAU 设备、5G 美化 AAU 设备及 4G 一体化美化天线的外观和尺寸如图 8-20 所示，图 8-20（a）为常见的"板状形" AAU；图 8-20（b）为优化后的 AAU，可美化成排气管，尺寸和外观均与图 8-20（c）现网的排气管形的一体化美化天线相近，能达到较好的美化效果，满足城市天面 5G 基站的天线美化需求。

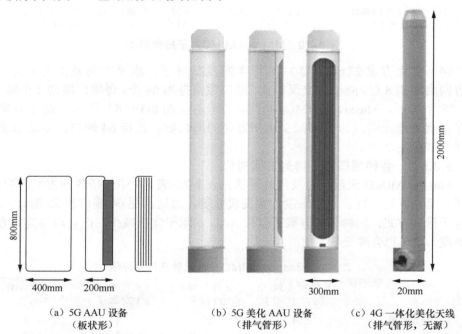

（a）5G AAU 设备　　　　　　（b）5G 美化 AAU 设备　　　　　（c）4G 一体化美化天线
（板状形）　　　　　　　　　　（排气管形）　　　　　　　　（排气管形，无源）

图8-20　5G AAU设备、5G美化AAU设备及4G一体化美化天线的外观和尺寸

8.3.6　微站 AAU

微站是 5G 网络覆盖中重要的容量补充手段和覆盖补盲手段，具有工程实施难度低，安装快捷简便的特点。由于微站设备体积较小，在一定程度上不需要做到天线美化，但在一些特殊场景下是必须采用美化的，也面临一定的挑战。下面我们将介绍 3 种解决方案。

8.3.6.1 广告箱内置微站 AAU 方案

微站 AAU 安装于广告箱内，可以利用多样的社会资源获取站址。但广告箱会根据实际市场需求分为多种安装方式（挂墙 / 落地），因此针对不同大小的微站美化外罩的指标做了定义。微站广告箱、灯箱和指示牌的指标见表 8-8。落地安装（左）和挂墙安装（右）如图 8-21 所示。

表8-8　微站广告箱、灯箱和指示牌的指标

指标	广告牌	灯箱 / 指示牌
典型尺寸 （长 × 宽 × 高）	1600mm × 1000mm × 310mm	300mm × 300mm × 100mm
最大承受风压	$0.8kN/m^2$	$0.8kN/m^2$
最高信号衰减	1dB	1dB
方向角调整范围	$-15° \sim 15°$	$-15° \sim 15°$
下倾角调整范围	10°	5°
适用场景	市政杆体、建筑外墙	市政杆体、建筑外墙、落地广告牌
工程施工注意事项	<ul><li>注意安装位置的承重要求</li><li>预留足够的散热空间，满足设备的散热要求</li><li>设备安装稳固，能合理调节方向角和下倾角</li></ul>	

图8-21　落地安装（左）和挂墙安装（右）

8.3.6.2 微站 AAU 贴膜美化方案

根据不同场景的需求，AAU 贴膜美化会采用不同的膜覆盖美化。针对某些美化外罩安装受限的场景，微站的建设无法采取美化外罩的美化方式，同时也为了使 AAU 能更好地与周边环境匹配，可以采用贴膜美化的方式，例如，空旷政府广场的杆体和安装位置狭窄的场景。

8.3.6.3 紧凑型 AAU 美化外罩方案

紧凑型 AAU 美化外罩是迎合具体设备形状的外罩，根据不同场景的需求，采用不同的颜色伪装。针对市政府广场的杆体和一些城中村场景的美观要求，紧凑型 AAU 美化外罩的应用较为广泛，在一定程度上既保留了微站设备体积小的优势，

也可以做好美化工作。紧凑型 AAU 美化外罩相关参数和注意事项见表 8-9。

表8-9 紧凑型AAU美化外罩相关参数和注意事项

指标	圆形灯杆
典型尺寸	200mm×800mm
最大承受风压	0.8kN/m²
最高信号衰减	1dB
适用场景	现有市政府广场的杆体，建筑外墙
工程施工注意事项	• 注意安装位置的承重要求 • 预留足够的散热空间，满足设备的散热要求 • 设备安装稳固，能合理调节方向角和下倾角

小型化 5G AAU 如图 8-22 所示。

图8-22 小型化5G AAU

8.4 5G 天线美化案例

8.4.1 方柱形普通外罩型

某密集市区站点为物业敏感站点，周边环境为写字楼和住宅，原有 4G 基站采用排气管美化方式，业主要求对新建 5G 基站进行相应的天线美化。经现场考察，天面空间较大，与业主协商后可采用方柱形美化天线外罩。某密集市区站点的周边环境如图 8-23 所示。

5G 基站的方柱形美化外罩的尺寸为 800mm×800mm×2000mm，外罩侧边留有上下通风孔，背部留有维护窗。在天面铺设混凝土基础层，方柱形美化天线外罩通过水泥封包固定在基础层上。5G 方柱形美化天线外罩（左）和 4G 美化排气管天线（右）如图 8-24 所示。

图8-23 某密集市区站点的周边环境

图8-24 5G方柱形美化天线外罩（左）和4G美化排气管天线（右）

8.4.2 空调形普通外罩形

某校园内站点天面为梯间顶，原有 4G 基站采用方柱形美化天线外罩，校方物业认为在梯间上狭小的空间再新增方柱形美化天线外罩不美观，要求采用其他美化方案。某校园内站点的周边环境如图 8-25 所示。

图8-25　某校园内站点的周边环境

　　5G 基站采用空调形美化天线外罩，外罩尺寸为 1200mm×800mm×2000mm，外罩侧边留有上下通风孔，背部留有维护窗。在天面铺设混凝土基础层，空调形美化天线外罩通过水泥封包固定在基础层上。原有 4G 方柱形美化天线外罩（左）和 5G 空调形美化天线外罩（右）如图 8-26 所示。

图8-26　原有4G方柱形美化天线外罩（左）和5G空调形美化天线外罩（右）

第 9 章

5G 网络室内覆盖探索与实践

9.1 5G 室内覆盖可选方案

9.1.1 可选方案的种类

根据目前 5G 的设备形态及演进的室内覆盖手段，5G 室内覆盖的方案共有 7 种，分别是室外照射室内、有源室分、有源室分 + 无源天线、白盒站（扩展型皮站）、家庭型一体化小基站、无源室分和移频 MIMO 室分。结合 5G 的工作频率 2.1GHz 和 3.5GHz，可细化组合为 14 种可选方案。2.1GHz 和 3.5GHz 在不同材质的穿透损耗见表 9-1。

表9-1　2.1GHz和3.5GHz在不同材质的穿透损耗

类别	材质说明	2.1GHz 穿透损耗	3.5GHz 穿透损耗
混凝土墙	厚混凝土墙，25cm	22	28
石膏板	石膏板墙，12cm	9	12
砖墙	单层，15cm	10	15
玻璃	2 层节能玻璃带金属框架	23	26
	2 层玻璃（夹层）	9	12
	普通玻璃	3	3
木板	普通木墙	4	6

2.1GHz 与 3.5GHz 方案对比见表 9-2。

表9-2　2.1GHz与3.5GHz方案对比

	覆盖	时延	容量
2.1GHz	优点：室内覆盖空口链路 2.1GHz 比 3.5GHz 传播损耗少 7.6dB	优点：FDD 比 TDD 更容易实现低时延，通过部署低时延增强技术，上行空口响应时延 FDD 最大可减小约 1.7ms	缺点： • 可用带宽较低（≤20MHz），需要考虑与 4G 共存问题 • 无法部署大规模天线提升容量（2T4R）
3.5GHz	缺点：上行室内覆盖较差	缺点：TDD 容易产生上 / 下行时隙互相干扰，难以应用低时延增强技术	优点：带宽较大，且通过部署大规模天线（64T64R）进一步提升容量

9.1.2 工作在 3.5GHz 频段的方案

9.1.2.1 3.5GHz 室外照射室内

室外照射室内的覆盖方式只能解决 5G 室内的浅层覆盖，浅层覆盖是指 5G 信号从室外通透到室内至少穿透一堵墙覆盖且上行可达到 3Mbit/s 以上的速率。

（1）室外站兼顾覆盖室内。结合理论分析和外场测试，利用室外 64T64R 宏站，对于距离宏站约 100m 的楼宇，满足以下两个条件，可以实现上行约 3Mbit/s 的室内浅层覆盖，垂直覆盖楼宇的高度约 45m：建筑物需位于基站的主覆盖方向，无明显遮挡；典型楼宇建筑物的外墙非全封闭，内部结构简单，无深度覆盖，例如，中、小型建筑，包括住宅、小型宾馆和小型写字楼。

不同类型 AAU 室外站兼顾覆盖楼宇室内的垂直覆盖能力见表 9-3。

表9-3　不同类型AAU室外站兼顾覆盖楼宇室内的垂直覆盖能力

AAU 类型	垂直面波束数	站点距离楼宇 100m 时，垂直覆盖楼宇能力
64T64R	4 层	45m
32T32R	2 层	23m
16T16R	1 层	12m

（2）室外站专用覆盖室内。对于无法由室外站兼顾覆盖，且不能部署室分系统的楼宇，例如，高层居民住宅楼，可采用室外站专用覆盖室内的方案。针对有覆盖要求的楼宇，选择在其近距离范围内，无阻挡能直视的合适位置，例如，相邻楼宇的楼顶、相邻街道上的通信杆或灯杆以及覆盖目标楼宇的裙楼楼顶或外墙处架设室外站或天线（含美化天线），实现居民住宅区以及楼宇周边的深度覆盖。

根据楼宇类型、楼高及形状的不同，室外站专用覆盖室内的信源可以使用 8T8R 或 4T4R RRU，通过 1/2 或 7/8 馈线拉远外接多个天线（单个天线至少满足 2T2R），调整天线角度，扩展垂直或水平覆盖，确保楼宇内部深度覆盖的效果，实现楼宇的整体覆盖，同时应尽量避免对其他区域的干扰。对于纵深较大的楼宇，可做双面覆盖。

高处俯视覆盖案例如图 9-1 所示。典型楼间距为 40m ~ 50m，采用双极化射灯天线做 2T2R 覆盖，每 8T8R RRU 设备可带 4 路 2T2R 射灯天线，天线水平波瓣宽度为 30°、垂直波瓣宽度为 60°，经实测，23 层楼宇的天线下倾角为 40°，5 ~ 21 层（共 16 层）覆盖良好，22 层和 23 层稍差，由于入射角太小，1 ~ 4 层覆盖较差。对于 1 ~ 4 层覆

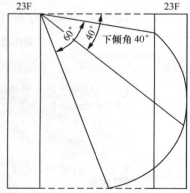

图9-1　高处俯视覆盖案例

盖弱区域，可以采用地面美化灯杆站或者家庭型一体化小基站覆盖。

9.1.2.2　3.5GHz 有源室分

有源室分是数字化分布式毫瓦级射频拉远系统，主要由 BBU、远端汇聚单元和远端单元组成，具有小区分裂 / 合并的能力。与无源室分系统相比，有源室分系统具有容量高、部署灵活、安装方便、扩容能力强等特点，支持对 BBU、远端汇聚单元及远端单元的监控。3.5GHz 有源室分设备之间的传输信号和带宽要求见表 9-4，有源分布系统架构示意如图 9-2 所示。

表9-4　3.5GHz有源室分设备之间的传输信号和带宽要求

| 厂商 | BBU—远端汇聚单元 | | 远端汇聚单元—远端单元 | |
	传输信号	带宽要求（100MHz, 4T4R）	传输信号	带宽
厂商 1	CPRI	>10Gbit/s	网线 / 光缆：CPRI	10Gbit/s
厂商 2	CPRI	>10Gbit/s	网线 / 光缆：CPRI	10Gbit/s
厂商 3	CPRI	10Gbit/s	网线：中频 IF 数字信号 光缆：CPRI 经过 DPD 的数字信号	网线：5Gbit/s（160m传输距离） 光缆：10Gbit/s

注：通用公共无线电接口（Common Public Radio Interface, CPRI），数字预失真（Digital Pre-Distortion, DPD）。

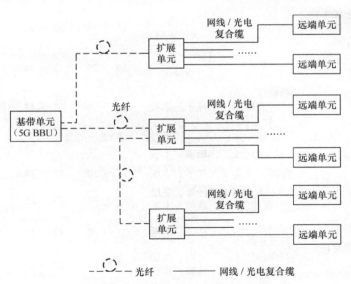

图9-2　有源分布系统架构示意

目前，主设备厂商均可提供 5G 有源室分，可按需裂化提供大容量，支持 5G 单模或 4G/5G 双模，具备 SA/NSA 双模能力，与同厂商 5G 宏站共用网管。BBU 可支持 12 个小区；BBU 可直连 6 个远端汇聚单元，通过级联可扩大到 12 个；

BBU 可支持 48 个远端单元；远端汇聚单元可支持 8 个远端单元，能裂化为 2 个小区；远端单元支持 4T4R（4×250mW）或 2T2R（2×500mW），100MHz 带宽的峰值速率可达 1.4Gbit/s 左右（4T4R）或 900Mbit/s 左右（2T2R）。

依据干扰隔离理论分析，有源室分远端单元与其他无源室分天线的安装距离需要保证在 0.5m 以上，如有条件最好保证间隔在 1.5m 以上。4T4R（4×250mW）有源室分覆盖半径参考见表 9-5，具体覆盖半径结合链路预算和实际场景确定。

表9-5　4T4R（4×250mW）有源室分覆盖半径参考

目标场景	细化场景	典型阻挡介质	单远端的覆盖半径（m）	远端间的布放间距（m）	单远端的覆盖面积（m²）
宾馆、酒店、高校宿舍、医院住院楼	楼层房间	砖墙、混凝土墙	• 单边房：2～4 间 • 双边房：4～8 间	10～13	• 单边房覆盖：100～200 • 双边房覆盖：200～360
	大堂、会议室、餐厅	石膏墙、夹层玻璃	12～14	20～23	360～500
写字楼/办公楼（砖墙隔断）、医院门诊楼	—	砖墙、石膏墙、夹层玻璃	11～13	20～23	300～400
写字楼/办公楼（玻璃/石膏墙隔断）、高校教学楼	—	石膏墙、夹层玻璃	14～16	23～27	500～600
商场、超市、购物中心、高校图书馆	—	柱子、木板、货物架	16～20	27～34	600～1000
机场	候机厅、值机厅、安检口、行李区	柱子、木板	23～30	37～45	1500～2100
	VIP 厅、商业区、办公区	砖墙、夹层玻璃、木板	12～14	20～23	360～500
高铁车站、地铁站厅站台	售票厅、候车厅	柱子、木板	16～20	27～34	600～1000
	车站办公区/商业区	砖墙、夹层玻璃、木板	12～14	20～23	360～500
体育馆、展览馆	出入大厅、看台、展厅	柱子、木板	23～30	37～45	1500～2100
	馆内办公区、媒体区	砖墙、夹层玻璃、木板	12～14	20～23	360～500

有源室分可通过小区裂化（减少每个小区的 pRRU 数量）进行灵活扩容。网络建设初期，在满足容量和上行底噪要求的情况下，应把尽可能多的 pRRU 合并成 1 个小区。尽量避免同一楼层设置为多个小区，必须设置多个小区时，应尽量把切换位置选择在人流量较少的区域。

9.1.2.3 3.5GHz 有源室分 + 无源天线

有源室分 + 无源天线是指通过在有源室分远端单元外接两个或两个以上无源天线（全向天线或定向天线），扩大远端单元有效覆盖范围的覆盖方式。远端单元可融合蓝牙网关功能，支持外接智慧室分天线、蓝牙信标融合组网。

根据外接无源天线的通道数和数量，3.5GHz 有源室分 + 无源天线的 4 种典型方案见表 9-6。

表9–6 3.5GHz有源室分+无源天线的4种典型方案

方案类型	方案描述
1 拖 2 双通道方案	4T4R 远端单元（4×250mW）外接 2 个 2T2R 天线，每天线支持双通道，有源室分 + 无源天线（1 拖 2 双通道）如图 9-3 所示
1 拖 3 双通道方案	2T2R 远端单元（3×2×125mW）带 3 个 2T2R 天线，包括 1 个 2T2R 内置天线和 2 个 2T2R 外置天线，每天线支持双通道，有源室分 + 无源天线（1 拖 3 双通道）如图 9-4 所示
1 拖 4 单通道方案	4T4R 远端单元（4×250mW）带 4 个 1T1R 外置天线，每天线支持单通道，有源室分 + 无源天线（1 拖 4 单通道）如图 9-5 所示
1 拖 5 单通道方案	2T2R 远端单元（3×2×125mW）带 5 个天线，包括 1 个 2T2R 内置天线和 4 个 1T1R 外置天线，内置天线支持双通道，外置天线支持单通道，有源室分 + 无源天线（1 拖 5 单通道）如图 9-6 所示

图9–3 有源室分+无源天线（1拖2双通道）

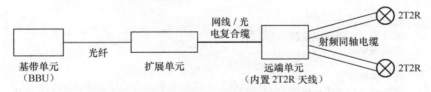

图9–4 有源室分+无源天线（1拖3双通道）

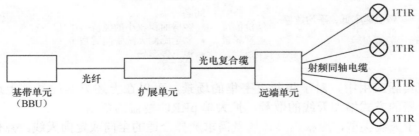

图9–5 有源室分+无源天线（1拖4单通道）

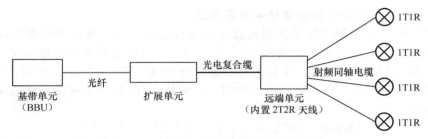

图9-6　有源室分+无源天线（1拖5单通道）

有源室分＋无源天线的峰值速率体验与远端的单元通道数、天线通道数以及天线重叠情况有关。1 拖 2 双通道方案的下行峰值速率可达 900Mbit/s 以上；1 拖 3 双通道方案的下行峰值速率可达 700Mbit/s 以上；单通道方案的下行峰值速率通常为 350Mbit/s。

对于有间隔的场景，有源室分＋无源天线方案可使信号分布更均匀，降低穿透损耗的影响，可显著地扩展每个远端单元的覆盖范围，减少单位面积的远端单元数量，有效降低室内覆盖的成本。

有源室分＋无源天线典型 4 种方案的适用场景见表 9-7。

表9-7　有源室分+无源天线典型4种方案的适用场景

方案	特点	适用场景	间隔类型
1拖2双通道	峰值速率高，平均速率较高，单天线点位覆盖能力强	覆盖型场景	有一定间隔，例如， • 客房面积较大、房间深度较深的高档酒店 • 房间深度 12m 左右的办公场景
1拖3双通道	峰值速率较高，平均速率较高，单天线点位覆盖能力中等	覆盖型场景	间隔中等，例如，客房面积中等的中档酒店或宿舍
1拖4单通道	峰值速率较低，平均速率较低，单天线点位覆盖能力弱	低价值覆盖型场景	间隔密集，例如， • 客房面积较小的经济型酒店 • 靠走廊侧无洗手间的宿舍 • 地下停车场
1拖5单通道	峰值速率低，平均速率低，单天线点位覆盖能力弱	低价值覆盖型场景	间隔密集，例如， • 客房面积较小的经济型酒店 • 靠走廊侧无洗手间的宿舍 • 地下停车场

在实际应用中，对于隔断更密集的场景，可以在上述方案的基础上通过外接功分器的方式增加天线的数量，扩大单 pRRU 覆盖的范围。

对于天线类型，应根据具体场景需求选择合适的全向或定向天线。点位布放应结合具体场景决定覆盖面积和范围，为尽量减少馈线损耗，无源天线需要根据走线需求，从远端单元两侧或四周拉出，远端单元一般应位于拉远无源天线的几何中心。为充分利用远端单元的功率，远端单元的所有外接天线口应尽量外接天线。

不同通道 / 发射功率的天线覆盖能力有所差异，应根据室内间隔、墙体类型等调整实际天线间距。不同类型设备覆盖范围见表 9-8。

表9-8 不同类型设备覆盖范围

类型		典型场景	1拖2双通道（2×250mW）			1拖4单通道（1×250mW）或1拖3双通道（2×125mW）			1拖5单通道（1×125mW）		
			覆盖面积	覆盖半径/深度(m)	天线间距建议	覆盖面积	覆盖半径/深度(m)	天线间距建议	覆盖面积	覆盖半径/深度(m)	天线间距建议
间隔较多	房间内有隔断，如洗手间、衣帽间	酒店/宿舍	单边房:2～3间 双边房:4～6间	7～8	7～10	单边房:2间 双边房:4间	6～7	7～10	单边房:2间 双边房:4间	5～6	7～10
	房间内无隔断		单边房:4间 双边房:8间	10～12	14～16	单边房:3间 双边房:6间	8～10	9～12	单边房:3间 双边房:6间	6～8	9～12
间隔较少		办公室	250～350	10～13	16～20	180～280	9～12	15～20	100～160	7～9	12～16

9.1.2.4　3.5GHz 白盒站（扩展型皮站）

在无线网络开放领域，全球最具影响力的两个产业联盟分别是 Facebook 发起的电信基础设施计划（Telecom Infrastructure Project，TIP）和全球五大电信运营商发起的开放无线接入网（Open Radio Access Network，ORAN），产业联盟促进无线网络的开放化，ORAN 联盟发布了 5G 白盒站参考设计，规定开放硬件的射频参考设计，包括原理图、PCB 库设计、硬件的设计等；业界设备厂商在 ORAN 联盟发布的 5G 白盒站参考设计基础上，共同推进低成本 5G 白盒站的产业化，目前，研发生产的 5G 白盒站在业界被称为 5G 扩展型皮站。

3.5GHz 白盒站（扩展型皮站）系统由基带单元、远端汇聚单元和远端单元 3 个部分组成：基带单元主要完成基带信号的调制和解调、无线资源管理、移动性管理、物理层处理、设备状态监控等功能；远端汇聚单元主要完成数据分路和合并、数据转发等功能；远端单元主要完成射频处理及无线信号的收发。3.5GHz 白盒站（扩展型皮站）设备之间的传输信号和带宽要求见表 9-9，扩展型皮站架构示意如图 9-7 所示，ORAN 参考设计示意如图 9-8 所示。

远端单元融合蓝牙网关功能，支持外接智慧室分天线、蓝牙信标融合组网。

表9-9　3.5GHz白盒站（扩展型皮站）设备之间的传输信号和带宽要求

皮站厂商	BBU—远端汇聚单元		远端汇聚单元—远端单元	
	传输信号	带宽要求	传输信号	带宽
第三方厂商	CPRI	>10Gbit/s	网线/光缆：CPRI	10Gbit/s

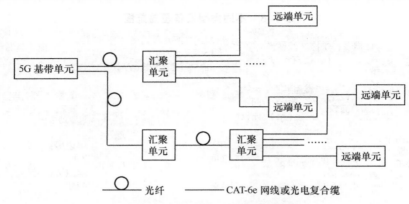

图9-7　扩展型皮站架构示意

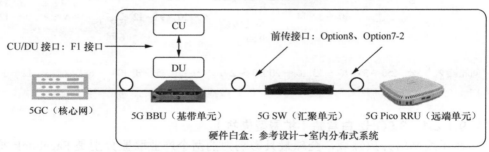

图9-8　ORAN参考设计示意

3.5GHz 白盒站（扩展型皮站）在面向 5G 中低容量的室内部署场景时，基带单元与远端汇聚单元间支持星形和链形连接，远端汇聚单元与远端单元间支持星形连接。系统应支持同一个基带单元下的多个远端单元，组成一个逻辑小区，即多个远端单元共小区的能力。共小区可以有效降低干扰，减少小区个数，提升网络的性能。

扩展型皮站类似于主设备有源室分，其组网架构、远端单元的射频输出功率与有源室分也一样，但容量比有源室分小，峰值速率可达 700Mbit/s 以上。3.5GHz白盒站（扩展型皮站）设备的典型能力见表 9-10。

表9-10　3.5GHz白盒站（扩展型皮站）设备的典型能力

设备类型	典型能力
基带单元	支持 4 个小区；可直连 4 个远端汇聚单元，级联可扩大到 8 个，最多支持 96 个远端单元

（续表）

设备类型	典型能力
远端汇聚单元	支持带 8 个远端单元，支持 2 个远端汇聚单元的级联
远端单元	2T2R（2×250mW）或（2×500mW）、4T4R（4×250mW）或（4×500mW）最大支持 100MHz 的信道带宽

9.1.2.5　3.5GHz 家庭型一体化小基站

5G 家庭型一体化小基站主要具备 NR 无线资源管理、物理层处理、收发信机功能和设备状态监控管理等功能，融合 5G 家庭网关在具备 5G 小基站功能的同时，还具备普通家庭网关的 ONU 和 Wi-Fi 功能。

5G 家庭一体化小基站可采用宽带 PON、城域 VPN、OLT 分流到 IP RAN 等方式进行回传，通过承载网把家庭 5G 业务流量回传至 5G 核心网，实现 5G 接入和控制。

基于宽带 PON 或城域 VPN 回传时，由于基于公网回传，对网络侧潜在的安全风险，需要部署安全网关，做好网络隔离。

5G 家庭一体化小基站的适用场景主要是重点用户投诉的特定家庭场景，例如，别墅、多层住宅、城中村等特定家庭用户。

9.1.2.6　3.5GHz 无源室分

无源室分广泛应用在 2G/3G/4G 的室内覆盖中。但现网无源室分系统器件及天线最高只支持到 2.7GHz 频段，不支持 3.5GHz 频段。目前，主流室分器件厂商已推出支持 800MHz ～ 3600MHz 频段的新型无源室分产品，包括耦合器、功分器和室分天线等。3.5GHz 无源室分系统示意如图 9-9 所示。

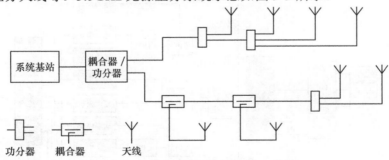

图9-9　3.5GHz无源室分系统示意

受制于空间安装条件和成本等因素，建议 5G 无源室分采用双通道或单通道，信源可采用满足通道数要求的宏 RRU 设备，目前，产业主要有 8T8R（8×30W）RRU，可提供 4 个 2T2R 或 8 个 1T1R 的端口输出，双通道无源室分试点的下行峰值速率可达 600Mbit/s。馈线类型与典型损耗对比见表 9-11，不同场景的设计天线间距建议值见表 9-12。

无源室分适合普通商场、超市、办公楼、中低端酒店、普通园区、地下停车场和电梯等中低价值场景。

表9-11 馈线类型与典型损耗对比

馈线型号	2.1GHz 损耗（dB/100m）	3.5GHz 损耗（dB/100m）
1/2 馈线	10.9	14.5
7/8 馈线	5.6	8.6

表9-12 不同场景的设计天线间距建议值

场景	天线口功率（dBm）	天线间距（m）	备注
密集场景	−11～−15	8～15	双通道场景，两单极化天线间距
开阔场景	−11～−15	20～30	1m～1.5m（10λ 以上）

9.1.2.7 3.5GHz 移频 MIMO 室分

3.5G 移频 MIMO 室分系统是一种在原有无源室分系统基础上进行改造的解决方案。该系统由移频管理单元（简称近端机）、移频覆盖单元（简称远端机）和远端供电单元 3 个部分组成。

移频 MIMO 室分系统通过近端机把 3.5GHz 频段的 5G 信源移频接入已有的无源室分系统，保持无源室分系统中原有的多频合路器（或 POI）、功分器、耦合器及无源分布线缆不变，把原有室分无源天线替换为远端机，同时增加供电走线，实现在单路无源室分系统上建设 3.5GHz 频段的 5G MIMO 覆盖。移频 MIMO 室分方案示意如图 9-10 所示。

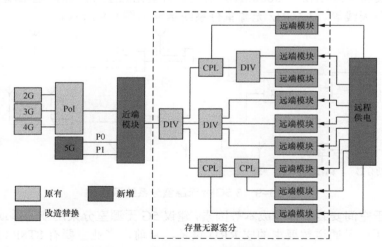

图9-10 移频MIMO室分方案示意

9.1.3 工作在 2.1GHz 频段的方案

与 3.5GHz TDD NR 频段相比，2.1GHz FDD NR 频段具有传播能力好、低时延及可快速部署的优势，但存在当前可用带宽小，且需要考虑与现网 4G 共存的问题。

9.1.3.1 2.1GHz 室外照射室内

2.1GHz NR 室外照射室内可直接利旧原 2.1GHz 覆盖小区进行升级增加 2.1GHz NR 覆盖或者新建 2.1GHz NR 宏站、2.1GHz NR 楼顶射灯站进行覆盖。

（1）室外宏站兼顾覆盖室内

根据理论测算分析，利用室外 4T4R 宏站，对于距离宏站约 150m 的楼宇，满足以下两个条件，可以实现信号从室外通透到室内至少穿透一堵墙的室内浅层覆盖，垂直覆盖楼宇的高度约为 35m（天线垂直波瓣为 13°）：建筑物需位于基站的主覆盖方向，无明显遮挡；典型楼宇建筑物的外墙非全封闭，内部结构简单，无深度覆盖，例如，中、小型建筑，包括住宅、小型宾馆和小型写字楼等。

（2）室外站专用覆盖室内

室外站专用覆盖室内可通过住宅外的宏站 / 杆站往内定向覆盖、楼间对打覆盖等方式。

在周边宏站或杆站站址上，增加 2.1GHz RRU 结合窄波束定向高增益天线，定向覆盖住宅的室内区域；同时挖掘周边的路灯杆资源，安装隐形基站（例如，一体化微站、微 RRU+ 小型美化天线）进行精准覆盖。

楼间对打分成楼顶对打、楼中对打、底层上打及外引旁打 4 种形式。通过在楼顶安装 RRU+ 美化天线、微站、杆站照射对面高层住宅的高层区域（20 层～ 30 层），在低层楼宇的楼顶或高层楼宇的楼腰安装微站、杆站覆盖周围高楼的中间楼层（10 ～ 20 层）及低层楼层（1 ～ 10 层）。

9.1.3.2 2.1GHz 有源室分

2.1GHz NR 有源室分可直接利旧现网已有的 2.1GHz 有源室分进行升级或新建 2.1GHz 有源分布系统，快速引入 5G 信号覆盖；仅支持 20MHz 和 50MHz。远端单元为 2T2R，输出功率为 2×100mW。根据现网是否已经部署 2.1GHz 的 4G 有源室分设备分为两种场景。2.1GHz NR 有源室分建设方案见表 9-13。

表9-13 2.1GHz NR有源室分建设方案

场景	有源分布系统	BBU
新建场景	新增	若开启 DSS 需同时新增4G、5G 板卡及载波资源
存量 2.1GHz 有源室分场景	利旧	新增 5G 板卡及载波资源

现网存量场景的厂商 1、厂商 2 和厂商 3 的 2.1GHz 有源室分设备，除了厂家 1 的 3902 型号硬件不支持，其他型号的设备硬件都已支持，只需要软件升级即可。2.1GHz 有源室分设备之间的传输信号和带宽要求见表 9-14。

远端单元的射频输出功率为 2×100mW，其覆盖能力与 3.5GHz（4×250mW）的远端单元相同，在各场景的覆盖能力可参见表 9-5。

表9-14　2.1GHz有源室分设备之间的传输信号和带宽要求

厂商	BBU—远端汇聚单元		远端汇聚单元—远端单元	
	传输信号	带宽要求	传输信号	带宽
厂商 1	CPRI	10Gbit/s	网线：CPRI	压缩后 > 1Gbit/s
厂商 2	CPRI	10Gbit/s	网线：CPRI	压缩后 > 1Gbit/s
厂商 3	CPRI	10Gbit/s	网线：中频 IF 数字信号	> 100MHz（160m 传输距离）

9.1.3.3　2.1GHz 有源室分 + 无源天线

2.1GHz NR 有源室分 + 无源天线可直接利旧现网 2.1GHz 有源室分 + 无源天线的室分系统，进行升级或新建外接天线型的 2.1GHz 远端单元外接两个或两个以上无源天线（全向天线或定向天线），快速引入 5G 信号覆盖，仅支持 20MHz 和 50MHz。远端单元支持 2T2R，输出功率为 2×100mW，天馈系统可建双通道或单通道。远端单元可融合蓝牙网关功能，支持外接智慧室分天线、蓝牙信标融合组网。

2.1GHz NR 有源室分 + 无源天线建设方案见表 9-15。

表9-15　2.1GHz NR有源室分+无源天线建设方案

场景	有源 + 无源分布系统	BBU
新建场景	新增	若开启 DSS，需同时新增 4G、5G 板卡及载波资源
存量 2.1GHz 有源室分 + 无源天线场景	利旧	新增 5G 板卡及载波资源

不同场景单天线覆盖范围见表 9-16。

表9-16　不同场景单天线覆盖范围

类型		典型场景	远端单通道（1×100mW）−18dBm <天线口功率<−15dBm		
			覆盖面积	覆盖半径 / 深度（m）	天线间距建议
间隔较多	房间内有隔断，如洗手间、衣帽间	酒店 / 宿舍	单边房：2 间双边房：4 间	7 ～ 8	9 ～ 12
	房间内无隔断		单边房：3 间双边房：6 间	9 ～ 11	12 ～ 15
间隔较少		办公室	120 ～ 180	8 ～ 10	13 ～ 17

9.1.3.4　2.1GHz 白盒站（扩展型皮站）

2.1GHz 白盒站（扩展型皮站）的设备形态及组网与 3.5GHz 白盒站（扩展型皮站）相同。远端单元支持 2T2R，射频输出功率为 2×125mW，其覆盖能力与 3.5GHz（4×250mW）的远端单元相近。2.1GHz 白盒站（扩展型皮站）设备的典型能力见表 9-17。

表9-17　2.1GHz白盒站（扩展型皮站）设备的典型能力

设备类型	典型能力
基带单元	支持 4 个小区；可直连 4 个远端汇聚单元，级联可扩大到 8 个，最多支持 92 个远端单元
远端汇聚单元	支持带 8 个远端单元，支持 2 个远端汇聚单元的级联
远端单元	2T2R（2×125mW）或 2T2R（2×250mW）或 2T2R（2×500mW），支持 2×20MHz 或 2×50MHz 信道带宽

9.1.3.5　2.1GHz 家庭型一体化小基站
设备形态及组网与 3.5GHz 家庭型一体化小基站相同。

9.1.3.6　2.1GHz NR 无源室分
2.1GHz NR 无源室分可直接利旧现网已有的无源分布系统或新建无源分布系统，增加 2.1GHz NR 信源，快速低成本地引入 5G 信号覆盖；仅支持 20MHz 和 50MHz，峰值速率分别为 115Mbit/s 和 228Mbit/s（单流 256QAM）。2.1GHz NR 无源室分建设方案见表 9-18。

表9-18　2.1GHz NR无源室分建设方案

场景	无源分布系统	RRU	BBU
新建场景	新增	新增	若开启 DSS，需同时新增 4G、5G 板卡及载波资源
存量 2.1GHz 无源室分场景	利旧	利旧或替换	新增 5G 板卡及载波资源

其中，存量场景的 RRU 存在部分厂商的设备无法升级支持 NR 的情况。存量场景的 RRU 支持情况见表 9-19。

表9-19　存量场景的RRU支持情况

厂商	设备型号	支持版本	升级版本时间	备注
厂商 1	RRU3628、RRU3630、RRU3632、RRU3638、RRU3659、RRU3971	无	无	不支持
	RRU5501（1.8GHz+2.1GHz）、RRU5502（1.8GHz+2.1GHz）、RRU3632m、RRU3652m	15.10	已经支持	已支持
厂商 2	R8882 S2100、R8402 S2100、A8602 M1821	无	无	不支持
	R8862A	V3.7	已经支持	已支持

（续表）

厂商	设备型号	支持版本	升级版本时间	备注
厂商 3	RRUS13 + A3	无	无	不支持
	Radio 2219		2020 年第一季度	可支持，版本支持2020 年第一季度
	Radio 2219 + 0208		2020 年第一季度	可支持，版本支持2020 年第一季度

9.2 可选方案对比

9.2.1 方案成熟情况

目前，5G 室内覆盖最成熟的方案是 3.5GHz 有源室分，3.5GHz 无源室分和 3.5GHz 扩展型皮站已完成了试点，在 2020 年具备规模商用的条件。各种方案的成熟情况见表 9-20，各种方案具备规模商用的路标如图 9-11 所示。

表9-20 各种方案的成熟情况

序号	方案			现场试验	预计规模商用时间
1	3.5GHz NR	3.5GHz 室外照射室内	64T64R	2019 年	2019 年已规模商用
			32T32R/16T16R	2019 年	2020 年
			8T8R/4T4R	2019 年	2020 年
2		3.5GHz 有源室分（4T4R）		2019 年	2019 年已规模商用
3		3.5GHz 有源室分（2T2R）+ 无源天线		2019 年	2019 年已规模商用
4		3.5GHz NR 无源室分		2020 年第一季度	2020 年
5		3.5GHz 白盒站（扩展型皮站）		2020 年	2020—2021 年
6		3.5GHz 家庭型一体化小基站		2021 年	2022 年
7		3.5GHz 移频 MIMO 室分		2020 年	2021—2022 年
8	2.1GHz NR	2.1GHz 室外照射室内	4T4R/2T2R	2020 年第一季度	2020 年
9		2.1GHz 有源室分（2T2R）		2020 年	2020—2021 年
10		2.1GHz 有源室分（2T2R）+ 无源天线		2020 年	2020—2021 年
11		2.1GHz NR 无源室分		2020 年第一季度	2020 年

（续表）

序号	方案		现场试验	预计规模商用时间
12	2.1GHz NR	2.1GHz 白盒站（扩展型皮站）	2020 年	2020—2021 年
13		2.1GHz 家庭型一体化小基站	2021 年	2022 年
14		2.1GHz 移频 MIMO 室分	2021 年	2022 年

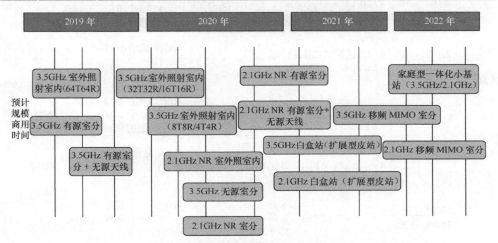

图9-11　各种方案具备规模商用的路标

9.2.2　性能比较

不同的 5G 室内覆盖方案涉及不同的设备类型，不同的设备在性能上存在差异，不同方案的性能对比见表 9-21。3.5GHz 有源室分方案的性能较好，2.1GHz NR 无源室分的性能较低。

表9-21　不同方案的性能对比

方案		射频功率	通道数	带宽	下行理论峰值速率	单小区容量	单远端/信源覆盖的面积（m2）	共建共享	4G/5G协同
3.5GHz NR	有源室分（3.5GHz，4T4R）	4×250mW	4T4R	100MHz	1.5Gbit/s	1200 个激活态用户、3600 个 RRC 连接态用户	500	支持	支持
	有源室分（3.5GHz，2T2R）+无源天线	2×250mW	2T2R，1T1R	100MHz	900Mbit/s	1200 个激活态用户、3600 个 RRC 连接态用户	800	支持	支持
	3.5GHz NR 无源室分	8T8R 信源8×30W	2T2R，1T1R	100MHz	600Mbit/s	1200 个激活态用户、3600 个 RRC 连接态用户	10000	支持	支持

（续表）

方案		射频功率	通道数	带宽	下行理论峰值速率	单小区容量	单远端/信源覆盖的面积（m2）	共建共享	4G/5G协同
3.5GHz NR	2.1GHz NR 新建室分	2T2R 信源 2×40W	2T2R，1T1R	2×20MHz，后续 2×50MHz	150Mbit/s	400 个激活态用户、1200 个 RRC 连接态用户	10000	支持	支持
	2.1GHz NR 利旧室分	2T2R 信源 2×40W	2T2R，1T1R	2×20MHz，后续 2×50MHz	150Mbit/s	400 个激活态用户、1200 个 RRC 连接态用户	10000	支持	支持
	3.5GHz 白盒站（扩展型皮站）	4×250mW	4T4R，2T2R	100MHz	1.5Gbit/s	400 个激活态用户、1200 个 RRC 连接态用户	500	支持	支持
	3.5GHz 家庭型一体化小基站	4×125mW	4T4R	100MHz	744Mbit/s	64 个激活态用户、192 个 RRC 连接态用户	250	不支持	不支持
2.1GHz NR	有源室分（2.1GHz，2T2R）	2×100mW	2T2R	2×20MHz，后续 2×50MHz	150Mbit/s	400 个激活态用户、1200 个 RRC 连接态用户	500	支持	支持
	有源室分（2.1GHz，2T2R）+无源天线	2×100mW	2T2R，1T1R	2×20MHz，后续 2×50MHz	150Mbit/s	400 个激活态用户、1200 个 RRC 连接态用户	800	支持	支持
	2.1GHz NR 无源室分	2T2R 信源 2×40W	2T2R，1T1R	2×20MHz，后续 2×50MHz	150Mbit/s	400 个激活态用户、1200 个 RRC 连接态用户	10000	支持	支持
	2.1GHz 白盒站（扩展型皮站）	2×125mW	2T2R	2×20MHz	150Mbit/s	128 个激活态用户、384 个 RRC 连接态用户	500	支持	支持
	2.1GHz 家庭型一体化小基站	2×50mW	2T2R	2×20MHz	75Mbit/s	32 个激活态用户、96 个 RRC 连接态用户	250	不支持	不支持

9.2.3　造价比较

不同的 5G 室内覆盖方案因设备价格和覆盖能力存在差异，导致不同覆盖方案的造价存在较大的差异。当前，有源室分、无源室分及拓展型皮站设备均未集采，仅有 5G 单模室分的集采价格，其他设备的价格参照 4G 类似设备的价格进行预估。不同方案的造价对比见表 9-22，后续待集采设备价格明确后再做详细分析。

表9-22　不同方案的造价对比

方案		分析场景：覆盖 20000m² 写字楼							
		设备综合单价（元）	每远端服务单价(元)	天馈系统服务单价（元/信源）	远端/信源数量	单远端/信源覆盖的面积（m²）	总造价（万元）	每平方米造价（元/m²）	备注
3.5GHz NR	3.5GHz 有源室分（4T4R）	7000	1800		40	500	35	17.5	4T4R，内置天线型
	3.5GHz 有源室分（2T2R）+无源天线	6000	1800	1100	25	800	22	11.0	2T2R，外接2 副双极化吸顶天线
	3.5GHz 新建无源室分	46600		72000	2	10000	24	12.0	1T1R，信源采用8T8R RRU，新建单路分布系统
	3.5GHz 扩展型皮站（4T4R）	2400	1300		40	500	14.8	7.4	4T4R，内置天线型
2.1GHz NR	2.1GHz 有源室分（2T2R,新建）	4800	1350		40	500	25	12.5	2T2R，内置天线型
	2.1GHz 有源室分（2T2R，新建）+无源天线	4800	1350	1100	25	800	18	9.0	2T2R，外接2 副双极化吸顶天线
	2.1GHz 有源室分（2T2R，利旧）	415		75	40	500	2	1.0	升级利旧 2.1GHz 原有室分，单小区
	2.1GHz NR 新建无源室分	31600		60000	2	10000	18.3	9.2	1T1R，信源采用 2T2R RRU，新建单路分布系统
	2.1GHz NR 新增信源＋利旧无源室分	31600		8000	2	10000	7.9	4.0	1T1R，合路已有无源分布系统
	2.1GHz NR 利旧信源＋无源室分	16600		3000	2	10000	3.9	2.0	1T1R，升级利旧 2.1GHz 原有室分
	2.1GHz 白盒站（扩展型皮站）	1500	1100		40	500	10.4	5.2	2T2R，内置天线型

　　根据目前的造价分析，2.1GHz NR 有源室分利旧的造价最低，3.5GHz 有源室分的造价最高，新建 3.5GHz 无源室分的造价比新建 3.5GHz 扩展型皮站的造价高。不同方案覆盖 20000m² 写字楼的造价对比如图 9-12 所示。

　　为了使投资效益最大化，在建网初期，有源室分可以把更多的远端单元划为一个小区（不大于 48 个），本次 2.1GHz 有源室分利旧升级的造价分析的软件费用按 40 个远端单元为一个小区估算。

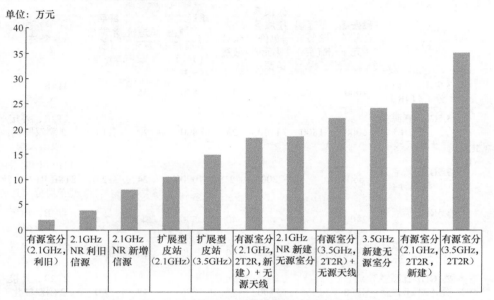

图9-12　不同方案覆盖20000m²写字楼的造价对比

9.2.4　各种方案的适用场景

5G 室内覆盖共有 14 种可选的方案，根据分析不同室分方案的优缺点、性能和造价对比，给出适用场景建议。各种方案的适用场景建议见表 9-23。

表9-23　各种方案的适用场景建议

方案		优缺点	适用场景
3.5GHz NR	室外照射室内	单站造价低，但穿透室内的覆盖能力受楼宇的结构影响大，且站点一般要求美化隐蔽	高密度住宅小区、别墅、城中村等场景
	有源室分（3.5GHz，4T4R）	容量高，可管可控，扩展性好，但造价高、耗电大	适用于高价值（品牌）区域，例如，营业厅、交通枢纽、人流密集的商圈、大型场馆等场景
	有源室分（3.5GHz）+无源天线	容量高，扩展性好，覆盖能延伸，但造价高、耗电大，无源天线不可监控	适用于有间隔的中、低价值场景，例如，有间隔的办公楼、酒店包间、小型卖场等场景
	3.5GHz 白盒站（扩展型皮站）	可利用 PON/互联网接入，可管可控，造价低，但容量及速率比有源的小，耗电大	适用于中、低容量的场景，例如，小型写字楼、中小超市、普通宾馆酒店、小型卖场、停车场等场景

（续表）

方案		优缺点	适用场景
3.5GHz NR	3.5GHz 家庭型一体化小基站	可利用 PON/ 互联网接入，设备配置相对简单，造价低，但容量及速率比有源的小	用于低容量需求的小面积覆盖场景，例如，临街商铺、VIP 家庭、小型商场、小型银行网点、咖啡厅、电梯等场景
	3.5GHz NR 无源室分	造价比有源低，但新建室分需要新型的无源器件且施工难度大，天馈系统无法监控	需要新建无源室分的低容量覆盖型场景，例如，宾馆酒店的客房区、人流量少的办公楼等场景
2.1GHz NR	室外照射室内	单站造价低，但穿透室内的覆盖能力受楼宇的结构影响大，且站点一般要求美化隐蔽	高密度住宅小区、别墅、城中村等场景
	2.1GHz 有源室分（2T2R）	容量高，可管可控，扩展性好，但造价高、耗电大	适用于中、低价值场景，例如，有间隔的办公楼、酒店包间、小型卖场等场景
	2.1GHz 有源室分（2T2R）+ 无源天线	容量高，扩展性好，覆盖能延伸，但造价高、耗电大、无源天线不可监控	适用于有间隔的中、低价值场景，例如，有间隔的办公楼、酒店包间、小型卖场等场景
	2.1GHz 白盒站（扩展型皮站）	可利用 PON/ 互联网接入，可管可控，造价低，但容量及速率比有源的小，耗电大	适用于中、低容量的场景，例如，小型写字楼、中小超市、普通宾馆酒店、小型卖场、停车场等场景
	2.1GHz 家庭型一体化小基站	可利用 PON/ 互联网接入，设备配置相对简单，造价低，但容量及速率比有源的小	用于低容量需求的小面积覆盖场景，例如，临街商铺、VIP 家庭、小型商场、小型银行网点、咖啡厅、电梯等场景
	2.1GHz NR 新建无源室分	造价比有源低，但可用带宽小，天馈系统施工难度大且无法监控	需要新建无源室分的低容量覆盖型场景，例如，宾馆酒店的客房区、人流量少的办公楼、停车场、电梯、高铁隧道等场景
	2.1GHz NR 利旧无源室分	造价低、建网快，但可用带宽小	已有无源室分的低话务场景，例如，宾馆酒店的客房区、人流量少的办公楼、停车场、电梯、高铁隧道等场景

9.3 应用指引

9.3.1 分场景解决方案

按 5G 室内覆盖需求的特征，室内分为高价值（品牌）区域、中价值区域和低价值（覆盖）区域三大场景类型，不同价值的不同楼宇场景分别采用有针对性的 5G 室内覆盖解决方案。分场景解决方案建议见表 9-24。

表9-24 分场景解决方案建议

价值场景	楼宇场景	技术方案
高价值（品牌）区域	大型交通枢纽（机场、高铁、地铁等站台）	3.5GHz 有源室分（4T4R）
	大型场馆（会展中心、体育馆、展馆）	3.5GHz 有源室分（4T4R）+ 无源天线（窄波束天线降低干扰）
	高端写字楼	3.5GHz 有源室分（4T4R）
	人流密集的大型商场 / 商圈	3.5GHz 有源室分（4T4R）
中价值区域	大型商场	3.5GHz 有源室分（4T4R）
	医院	3.5GHz 有源室分（4T4R）
	星级宾馆、酒店	2.1GHz 有源室分、3.5GHz 有源室分 + 无源天线（1 拖 3 双通道，1 拖 2 双通道）、2.1GHz NR 无源室分、3.5GHz 扩展型皮站
	中档写字楼	3.5GHz 有源室分（4T4R）、3.5GHz 有源室分 + 无源天线（1 拖 3 双通道、1 拖 2 双通道）、2.1GHz 有源室分
	宿舍楼	3.5GHz 有源室分 + 无源天线（1 拖 3 双通道、1 拖 2 双通道）、2.1GHz 有源室分、3.5GHz 扩展型皮站
	教学楼 / 图书馆	3.5GHz 有源室分（4T4R）、2.1GHz 有源室分、3.5GHz 扩展型皮站
	重要园区	3.5GHz 有源室分（4T4R）、3.5GHz 有源室分 + 无源天线（1 拖 3 双通道、1 拖 2 双通道）、2.1GHz 有源室分、3.5GHz 扩展型皮站
	专业市场	3.5GHz 有源室分（4T4R）、3.5GHz 有源室分 + 无源天线（1 拖 3 双通道、1 拖 2 双通道）、2.1GHz 有源室分、3.5GHz 扩展型皮站
低价值（覆盖）区域	普通商场和超市	3.5GHz 有源室分 + 无源天线（1 拖 3 双通道、1 拖 2 双通道）、2.1GHz 有源室分、2.1GHz 扩展型皮站、2.1GHz 无源室分
	普通办公楼	3.5GHz 有源室分 + 无源天线（1 拖 3 双通道、1 拖 2 双通道）、2.1GHz 有源室分、2.1GHz 扩展型皮站、2.1GHz 无源室分
	中低端宾馆、酒店	3.5GHz 有源室分 + 无源天线（1 拖 5 单通道、1 拖 4 单通道、1 拖 3 双通道）、2.1GHz 有源室分、2.1GHz 扩展型皮站、2.1GHz 无源室分
	普通园区	3.5GHz 有源室分 + 无源天线（1 拖 5 单通道、1 拖 4 单通道、1 拖 3 双通道）、2.1GHz 有源室分、2.1GHz 扩展型皮站、2.1GHz 无源室分
	高铁 / 地铁隧道	RRU+5/4 泄露电缆
	高密度住宅小区	室外基站覆盖 /5GHz 无源室分（5GHz RRU+ 射灯天线，室外照射室内）/ 家庭型一体化小基站
	电梯停车场	2.1GHz 扩展型皮站、2.1GHz 无源室分、2.1GHz 有源室分

9.3.2　4G/5G 协同部署指引

综合考虑网络效益、现场工程实施条件等因素，高价值楼宇的室内覆盖需要考虑 4G 与 5G 的协同部署，所以对于 5G 目标覆盖楼宇，需要结合楼宇 4G 覆盖的现状，有针对性地部署 5G 单模室分或 4G/5G 双模室分。对于已有 4G 有源室分的场景，如果采用替换方案，替换为 4G/5G 双模有源室分时，为降低对用户感知的影响，可以采用先同点位部署 4G/5G 双模有源室分，待设备开通后再将原有的 4G 有源室分设备拆除至其他楼宇使用。4G/5G 协同部署指引流程如图 9-13 所示。

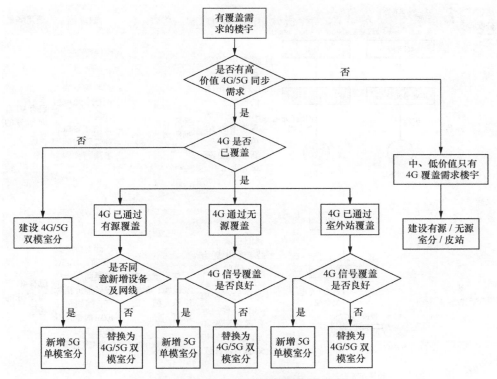

图9-13　4G/5G协同部署指引流程

◼ | 9.4　有源室分的具体设计指引

9.4.1　4G 与 5G 有源室分协同部署

对于需要新建 5G 有源室分的高价值、高流量的楼宇，根据是否已有 4G 室分，进一步细分场景。

（1）对于无 4G 室分的场景，新建 4G/5G 双模有源室分系统。

（2）对于已有 4G 无源室分或室外站覆盖的场景，4G 信号覆盖良好的，则新建 5G 单模有源室分系统；4G 信号覆盖不达标的，则新建 4G/5G 双模有源室分系统，替换掉原有的 4G 室分。

（3）对于已有 4G 有源室分的场景，有两种改造方式，采用叠加 5G 单模有源室分，或替换改造为 4G/5G 双模有源室分。

4G 与 5G 有源室分协同部署方案见表 9-25。

表9-25　4G与5G有源室分协同部署方案

场景分类	方案	方案示意	方案说明	优点	缺点	适用场景
改造场景	叠加方案	叠加方案	新布放网线/光电复合缆（或利旧预埋的网线），与4G同点位部署新增的5G单模pRRU，新增远端汇聚单元及BBU	单独部署，不受原有网线拉远距离的限制	• 需要重新布放网线/光电复合缆 • 新增了pRRU，对安装空间要求高	已有4G有源室分的场景
	替换方案	替换方案	利旧已有的网线/光电复合缆，同时把原4G pRRU替换为4G&5G多模pRRU，替换原有远端汇聚单元，BBU增加5G基带板升级	不需要重新布放线缆，部署简单，施工周期短	• 厂商支持情况不同，4G/5G需要同厂商 • 设备造价相对高，网线超过100m时带宽不满足，需要替换为光电复合缆	已有4G有源室分的场景
新建场景	新建5G方案	新建5G方案	新增5G BBU、远端汇聚单元和5G单模pRRU，新布放网线/光电复合缆	单模设备，功耗低	需要重新布线	4G已有覆盖(无源或室外站)

（续表）

场景分类	方案	方案示意	方案说明	优点	缺点	适用场景
新建场景	新建 4G/5G 基站	4G/5G BBU → 扩展单元 → 网线/光电复合缆 → 4G/5G pRRU（新建 4G/5G 方案）	新增 4G/5GBBU、远端汇聚单元和 4G&5G 多模 pRRU，重新布放网线/光电复合缆	4G/5G 同套设备，降低了对安装空间和用电功耗的需求	4G/5G 需要同厂商	4G 和 5G 都还未覆盖的场景

9.4.2　分场景设计要点

9.4.2.1　写字楼设计要点

（1）大厅、会议室、开放式办公区等大开间、结构简单的场景。

这类区域一般可在靠中间的位置布放远端单元进行覆盖，远端布放间距可按 20m ～ 23m 考虑。

对于较小的会议室，可考虑安装在走廊进行覆盖。根据会议室及开放式办公区的大小、纵深来决定是否将分布式基站安装在室内或者安装在走廊。

（2）走廊 + 房间、隔断式办公区等内部建筑隔断较多的场景。写字楼的房间纵深一般在 10m 以内，远端单元可安装在门外走廊，当房间纵深超过 12m 或内部结构复杂时，需考虑将远端单元安装到室内。

9.4.2.2　宾馆酒店设计要点

（1）普通客房。普通客房的房间面积较小，多为走廊两侧对称分布结构，一般将覆盖单元布放在走廊以覆盖两侧房间。按照覆盖单元的覆盖能力测算，单边覆盖 2 ～ 3 个房间，覆盖半径在 7m ～ 10m。

（2）豪华客房。豪华客房的房间面积较大，有隔音材料，穿透损耗较大，建筑结构较复杂，建议将覆盖单元布放在客房内，但应尽量靠近走廊，兼顾走廊的覆盖。

（3）大堂。大堂一般比较空旷，考虑将覆盖单元布放在前台、商务中心等人流量比较集中的区域，根据远端单元不同的输出功率，远端布放间距在 20m ～ 23m。同时，大堂往往有较大的玻璃门墙，应控制好信号外泄。

（4）会议室。会议室比较开阔，大小不一，用户业务需求比较集中，容量需求大，一般将覆盖单元布放于靠中间的位置。

（5）餐厅。餐厅一般比较开阔，但可能有包间。如果包间较大（≥ 300m²），应在包间中布放覆盖单元。

9.4.2.3 医院设计要点

在设计上一般按大厅、门诊部、住院部（一般病房）、住院部（VIP病房）等几个模块设计。

对于一楼大厅空旷区域的覆盖可采用远端单元吸顶安装，因人员较多，可适当缩小覆盖半径，根据远端单元不同的输出功率，一般远端布放间距在 20m ～ 23m。如果门诊部中间为中空区域，且进行了分区覆盖，则高层小区在大楼靠近中间中空区域的楼层的远端单元要与中空区域保持适当距离，以免在一层中间中空的公共区域有多个小区信号。在挂号、收费、药房等功能性房间附近，需要考虑是否存在库房、休息室等小房间；如果存在，则该区域的远端单元覆盖半径需适当缩短。

9.4.2.4 IT 卖场、小商品市场设计要点

在设计 IT 卖场、小商品市场时，主要参考石膏墙和一般砖墙的穿损来确定 pRRU 的覆盖半径；较为空旷的市场，远端布放间距一般按 27m ～ 34m 考虑；较为密集的市场，远端布放间距一般按 20m ～ 23m 考虑。另外，因为小商铺均为半开放式结构，面朝走廊开门，设计时应尽量保证每条走廊均布放远端单元。

9.4.2.5 体育场馆 / 会展中心设计要点

（1）出入大厅 pRRU 安装位置选择。出入大厅为空旷区域，内部无明显阻挡，外墙多为玻璃幕墙。设计上一方面需注意控制外泄，需要将 pRRU 远离进门方向或安装在柱子的背面；另一方面该场景突发性人流量大且有明显的流向性，实际覆盖范围需结合容量一起规划，设计上按空旷大厅场景布放，但可考虑适当缩小覆盖密度。

（2）走廊。内部走廊是连接出入大厅和各个展厅的通道，主要为狭长的空旷区域，考虑隧道效应，远端布放间距一般按 27m ～ 34m，优先考虑布放在拐角、转角等连接区域。

（3）展厅 pRRU 安装位置选择。展厅天花挑高较高，可考虑将 pRRU 外接定向天线挂在四周墙上或马道上。需要注意的是，会展中心在没有展出任务时可能处于完全空旷的状态，当举办展览会时，将出现大量半开放式的展位，主要由钢结构和纤维板隔断，其穿损应在玻璃墙和石膏墙之间。设计展厅时应当按照其展出状态考虑，并考虑现场人流的密度，适当缩小小区的容量设计，远端布放间距一般按 37m ～ 45m 考虑，同时远端单元可外接高增益的窄波束天线，能控制覆盖的范围，避免产生多小区信号干扰。

（4）工作区。会展中心还存在结构较为复杂的工作人员办公区。房间纵深在10m以内，pRRU 安装在门外走廊基本可以解决房间内的信号覆盖，远端布放间距一般按 20m ～ 23m 考虑。房间纵深超过 12m 的可以根据房屋结构确定是否需要入室覆盖。

9.4.2.6 体育场设计要点

（1）体育馆看台。该场景较为空旷，基本无遮挡，但该场景下人员密集，

需结合容量布放 pRRU，一般情况下应当缩小布放 pRRU 的密度。根据体育场内部的情况不同，有以下两种覆盖方式。

① 覆盖方式一。将 pRRU 安装在顶棚上朝看台区覆盖，需要顶棚离座位的距离在 pRRU 的覆盖能力之内，施工难度大，但现场覆盖效果较好。从覆盖能力上看，pRRU 的覆盖半径可以参照空旷大厅的覆盖半径。同时，远端单元可外接高增益的窄波束天线，可控制有效的覆盖范围。

② 覆盖方式二。将 pRRU 安装在看台座位区后面，该项施工难度小，方便后期维护，但容易干扰到场地中间和对面的覆盖信号，且布放 pRRU 的密度高于第一种方式。

覆盖能力分析：传播模型按人体 3dB 穿损计算，每排观众的间距设置为 1m。一般将覆盖半径控制在 8m ～ 10m。

（2）体育馆媒体区 /VIP 区、看台 VIP 座位区。可考虑直接在室内布放 pRRU 覆盖凹进去的 VIP 看台区。

9.4.2.7 机场设计要点

（1）值机大厅。若值机大厅的层高低于 24m，且可以吸顶安装时，可以采用挂顶覆盖的方式；若层高高于 24m，则需要在侧面安装。一般远端布放间距可设置为 37m ～ 45m，另外，需要优先将远端单元贴近卫生间等功能性房间。同时，远端单元可外接高增益的窄波束天线，控制有效的覆盖范围。

（2）安检口。设计上将安检口直接划入候机厅进行整体覆盖。但需要注意该处有较多用户停留，值机大厅和候机厅的切换区不能设置在安检等待区。

（3）候机厅。建议设计时分为两部分考虑，根据远端单元不同的输出功率，商铺区（一般考虑石膏墙）的远端布放间距按 20m ～ 23m 考虑；登机口附近，远端布放间距一般按 27m ～ 34m 考虑。

（4）VIP 厅。VIP 厅作为重点的覆盖区域，一般要求单独覆盖。根据物业要求选择明装或暗装远端单元，一般采用入室安装的方式以达到较好的覆盖效果。

（5）通道。通道区域较狭长，一般比较空旷，远端单元可根据不同的挑高去选择吸顶或者挂墙覆盖；考虑隧道效应，一般远端布放间距按 27m ～ 34m 考虑。但需要注意远端单元应放在转角处，同时远端单元可外接高增益的窄波束天线，可以控制有效的覆盖范围。

（6）行李区。根据远端单元不同的输出功率，行李区按一般空旷场景远端间距 37m ～ 45m 考虑，但需要注意的是，在立柱较多的地方，各个远端单元不要完全平行，需要交错存在，以保证任何一个立柱后均能直视到某个远端单元。

远端单元可以根据不同的挑高去选择吸顶或者挂墙覆盖，一般 15m 挂高以上挂在侧面墙上，同时远端单元可外接高增益的窄波束天线，可以控制有效的覆盖范围。

（7）工作区。办公区一般只考虑远端单元穿一堵墙（穿损 15dB）进行覆盖，远端单元布放间距在 20m ～ 23m。如果内部较为复杂或者纵深较深，可以考虑入室布放。

9.4.2.8 高铁／地铁站台设计要点

典型的地铁站台站厅，单个换乘站的面积约为 18000m²，大约需要部署 40 个远端单元，单个非换乘站的面积约为 7000m²，大约需部署 15 个远端单元。

（1）售票厅和候车厅。这些场所属于空旷、大容量区域，根据容量和覆盖需求，在一个厅安装一个或多个远端单元，考虑火车站人流的密集程度，需要适当缩小远端单元的覆盖半径，远端布放间距一般按 27m～34m 考虑。同时，远端单元可外接高增益的窄波束天线，可以控制有效的覆盖范围。

（2）办公区／商场。办公区有较多隔间，层高较低，内部结构较复杂。一般只考虑远端单元穿一堵墙（穿损 15dB）进行覆盖，根据远端单元不同的输出功率，远端单元布放间距在 20m～23m。如果内部较为复杂或者纵深较深，可以考虑入室布放。

9.4.3 NSA 中的锚点选择

NSA 站型中 4G 锚点站和 5G 室分要求是同厂商。各种场景的锚点站选择方案见表 9-26。

表9-26　各种场景的锚点站选择方案

站点场景			锚点站选择方案	5G 室分方案
4G 未覆盖			新增双模的有源室分，同时实现 4G 锚点和 5G 覆盖	利用与 4G 锚点站新增的 5G 双模有源室分
4G 已覆盖	有源室分	物业允许再次布线	利旧已有的 4G 有源室分	与 4G 同点位新增 5G 单模有源室分
		开天花难、无法再次布放	利旧已有的网线，更换原 4G 有源室分设备为 5G 多模有源室分设备，同时实现 4G 锚点和 5G 的覆盖	利用更换后的 5G 双模有源室分
	无源室分	测试确认 4G 信号覆盖良好，少切换，无弱信号	利旧已有的 4G 无源室分	新增独立的 5G 单模有源室分
		测试确认 4G 覆盖切换频繁，或存在弱信号	评估可以通过优化、整改解决的，则利旧已有的 4G 无源室分	新增独立的 5G 单模有源室分
			评估无法通过优化、整改解决的，新增双模的有源室分，同时实现 4G 锚点和 5G 的覆盖（拆除原无源室分 4G RRU）	利用与 4G 锚点站新增的双模有源室分
	室外站	测试确认 4G 覆盖良好，少切换，无弱信号	覆盖该建筑物的相关 4G 室外站	新增独立的 5G 单模有源室分
		测试确认 4G 覆盖切换频繁，或存在弱信号	新增双模的有源室分，同时实现 4G 锚点和 5G 的覆盖	利用与 4G 锚点站新增的双模有源室分

注：基于网管统计主选的 4G 锚点站的两两切换关系，切换 TOP 小区对应站点也作为锚点站。

9.4.4 有源室分线缆选型

远端单元与远端汇聚单元之间的传输线缆，采用超六类网线和光电复合缆都能满足传输和供电要求，但是超六类网线在传输距离超过 100m 后，传输速率不能满足 10Gbit/s 的速率带宽要求。

建议远端拉远距离在 100m 以内的，优选超六类网线，次选光电复合缆；远端拉远超过 100m 的，厂商 1、厂商 2 的设备直接选用光电复合缆，厂商 3 的设备拉远距离在 160m 以内都可以选用超六类网线。

有源室分线缆选型建议见表 9-27。

表9-27 有源室分线缆选型建议

类型	供电能力	传输最大速率	带宽能力	每米单价（元）	使用场景建议
超六类网线	71W	10Gbit/s	小于 100m：1 个 100MHz NR 4T4R +5 个 20MHz 2T2R 的 LTE 小区 100m ～ 200m：1 个 100MHz NR 2T2R + 3 个 20MHz 2T2R 的 LTE 小区	1.8	一般场景，线缆拉远距离，厂商 1、厂商 2 在 100m 以内的场景，厂商 3 在 160m 以内的场景
光电复合缆	130W	10Gbit/s/25Gbit/s	10Gbit/s 光模块：1 个 100MHz NR 4T4R + 5 个 20MHz 2T2R 的 LTE 小区 25Gbit/s 光模块：2 个 100MHz NR 4T4R +12 个 20MHz 2T2R 的 LTE 小区	3.7	机场、地铁站、CBD 等开阔场景，线缆拉远时厂商 1、厂商 2 超 100m 的场景，厂商 3 超 160m 的场景

9.5 有源室分＋无源天线的具体设计指引

9.5.1 4G 与 5G 有源室分＋无源天线的协同部署

对于需要新建 5G 有源室分＋无源天线的楼宇，根据是否已有 4G 室分，进一步细分为以下场景。

（1）对于无 4G 室分的场景，新建 4G+5G 双模有源室分＋无源天线系统。

（2）对于已有 4G 无源室分或室外站覆盖的场景，如果 4G 信号覆盖良好，则新建 5G 单模有源室分＋无源天线系统；如果 4G 信号覆盖不达标，则新建 4G/5G 双模有源室分＋无源天线，替换掉原有的 4G 室分。

（3）对于已有 4G 有源室分＋无源天线的场景，直接改造替换为 4G/5G 双模有源室分＋无源天线。

9.5.2 分场景设计要点

9.5.2.1 写字楼设计要点

中、低价值的写字楼场景可采用有源室分 + 无源天线 1 拖 2 双通道或 1 拖 3 双通道方案。

（1）1 拖 2 双通道方案是把 4T4R pRRU（4×250mW）外接两个 2T2R 天线，每天线支持双通道，单个天线覆盖半径为 10m ～ 13m。对于有隔断的区域，当房间纵深超过 12m 时，需要在房间内布放天线。有源室分 + 无源天线（1 拖 2 双通道）如图 9-14 所示。

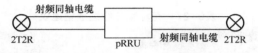

图9-14　有源室分+无源天线（1拖2双通道）

（2）1 拖 3 双通道方案是 2T2R pRRU（3×2×125mW）带 3 个 2T2R 天线，包括 1 个 2T2R 内置天线和 2 个 2T2R 外置天线，每个天线支持双通道，单个天线覆盖半径为 9m ～ 12m。对于有隔断的区域，当房间纵深超过 10m 时，需要在房间内布放天线。有源室分 + 无源天线（1 拖 3 双通道）如图 9-15 所示。

图9-15　有源室分+无源天线（1拖3双通道）

9.5.2.2 宾馆、酒店设计要点

宾馆、酒店的大堂、开阔的办公或餐厅区域，可采用有源室分 + 无源天线 1 拖 2 双通道或 1 拖 3 双通道方案。

宾馆、酒店的客房、隔断密集的办公或餐厅区域，可采用有源室分 + 无源天线 1 拖 4 单通道或 1 拖 5 单通道方案。

（1）1 拖 4 单通道方案是 4T4R pRRU（4×250mW）带 4 个 1T1R 外置天线，每天线支持单通道，在客房区域，如果在走廊过道布放天线，则单边覆盖 2 ～ 3 间房；当房间纵深超过 10m 时，建议在房间内布放天线。有源室分 + 无源天线（1 拖 4 单通道）如图 9-16 所示。

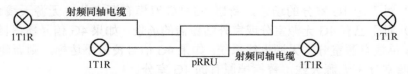

图9-16　有源室分+无源天线（1拖4单通道）

（2）1 拖 5 单通道方案是把 2T2R pRRU（3×2×125mW）带 5 个天线，包

括 1 个 2T2R 内置天线和 4 个 1T1R 外置天线，内置天线支持双通道，外置天线支持单通道，在客房区域，如果天线布放在走廊过道，则单边覆盖 2 ～ 3 间房；当房间纵深超过 9m 时，建议在房间内布放天线。有源室分 + 无源天线（1 拖 5 单通道）如图 9-17 所示。

图9-17　有源室分+无源天线（1拖5单通道）

9.5.2.3　医院设计要点

中、低价值的医院场景可采用有源室分 + 无源天线 1 拖 2 双通道或 1 拖 3 双通道方案。方案的设计要点与中、低价值的写字楼场景相同。

9.5.2.4　IT 卖场、小商品市场设计要点

中、低价值的 IT 卖场、小商品市场等场景可采用有源室分 + 无源天线 1 拖 2 双通道或 1 拖 3 双通道方案。方案的设计要点与中、低价值的写字楼场景相同。

9.5.2.5　停车场设计要点

停车场区域可采用有源室分 + 无源天线 1 拖 4 单通道或 1 拖 5 单通道方案，有源远端安装在覆盖区域的中部，向四周外拉全向吸顶天线，单天线覆盖半径建议为 10m ～ 15m。

9.5.2.6　电梯设计要点

电梯场景采用单通道的模式，有源室分 + 外拉电梯覆盖专用天线；有源远端单元安装在楼顶电梯机房或者电梯的底层弱电井，根据并排电梯的数量，单远端最多外拉 4 副电梯覆盖专用天线。单副天线可覆盖 20 ～ 25 层。

9.5.3　NSA 中的锚点选择

NSA 站型中 4G 锚点站和 5G 室分要求是同厂商。各种场景的锚点站选择方案见表 9-28。

表9-28　各种场景的锚点站选择方案

站点场景		锚点站选择方案	5G 室分方案
4G 未覆盖		新增双模的有源室分+无源天线，同时实现 4G 锚点和 5G 的覆盖	利用与 4G 锚点站新增的 5G 双模有源室分 + 无源天线系统
4G 已覆盖	已有 4G 有源室分 + 无源天线	利旧已有的网线及天馈系统，更换原 4G 有源室分设备为 5G 多模有源室分设备，同时实现 4G 锚点和 5G 的覆盖	利用更换后的 5G 双模有源室分 + 无源天线系统
	无源室分 测试确认 4G 信号覆盖良好，少切换，无弱信号	利旧已有的 4G 无源室分	新增独立的 5G 单模有源室分 + 无源天线系统

（续表）

站点场景		锚点站选择方案	5G 室分方案
4G 已覆盖	无源室分	测试确认 4G 覆盖切换频繁，或存在弱信号	如果评估可以通过优化、整改解决的，则利旧已有的 4G 无源室分	新增独立的 5G 单模有源室分 + 无源天线系统
			如果评估无法通过优化、整改解决的，新增双模的有源室分 + 无源天线，同时实现 4G 锚点和 5G 的覆盖（拆除原无源室分 4G RRU）	利用与 4G 锚点站新增的双模有源室分 + 无源天线系统
	室外站	测试确认 4G 覆盖良好，少切换，无弱信号	覆盖该建筑物的相关 4G 室外站	新增独立的 5G 单模有源室分 + 无源天线系统
		测试确认 4G 覆盖切换频繁，或存在弱信号	新增双模的有源室分 + 无源天线，同时实现 4G 锚点和 5G 的覆盖	利用与 4G 锚点站新增的双模有源室分 + 无源天线系统

注：基于网管统计主选的 4G 锚点站的两两切换关系，切换 TOP 小区对应站点也作为锚点站。

9.6 无源室分的具体设计指引

9.6.1 4G 与 5G 无源室分的协同部署

无源室分中的 4G/5G 协同部署，只需要将 4G 信源和 5G 信源合路到同一套分布系统，可实现 4G 和 5G 的同步覆盖。

9.6.2 分场景设计要点

无源室分主要适合用在中、低价值的场景，例如，普通商场、超市、普通办公楼、中低端酒店、电梯、停车场等地方。受制于安装空间条件和成本等因素，建议 5G 无源室分采用双通道或单通道，信源可采用满足通道数要求的宏 RRU 设备，对于双通道场景，为保证 MIMO 的效果，两天线（单极化）间距应在 1m ～ 1.5m（10λ 以上）。

9.6.2.1 普通办公楼设计要点

建议 5G 无源室分采用双通道，天线间距可按 12m ～ 15m 考虑，天线口要求在 -15dBm ～ -12dBm。

9.6.2.2 中、低端宾馆酒店设计要点

建议 5G 无源室分采用单通道，天线间距可按 7m ～ 10m 考虑，天线口要求在 -15dBm ～ -12dBm。

9.6.2.3 普通商场、超市设计要点

建议 5G 无源室分采用双通道，天线间距可按 17m ～ 22m 考虑，天线口要

求在 −15dBm ～ −12dBm。

9.6.2.4　停车场设计要点

停车场采用单路天馈系统，天线间距可按 20m ～ 25m 考虑，天线口要求在 −15dBm ～ −12dBm。

9.6.2.5　电梯设计要点

电梯的覆盖尽量与停车场结合一起，充分利用信源 RRU 的功率；采用电梯矩形波束天线朝下或朝上打时，天线口 RE 级功率在 −3dBm ～ −1dBm，单副天线可覆盖 15 ～ 20 层。

采用传统电梯覆盖方式，每隔三层布放一副对数周期或壁挂天线时，要求天线口功率在 −7dBm ～ −5dBm。

9.7　扩展型皮站的具体设计指引

9.7.1　4G 与 5G 扩展型皮站的协同部署

对于需要新建 5G 扩展型皮站的楼宇，根据是否已有 4G 室分，进一步细分为以下场景。

（1）对于无 4G 室分的场景，新建 4G+5G 双模扩展型皮站。

（2）对于已有 4G 无源室分或室外站覆盖的场景，如果 4G 信号覆盖良好，则新建 5G 单模扩展型皮站；如果 4G 信号覆盖不达标，则新建 4G/5G 双模扩展型皮站，替换掉原有的 4G 室分。

（3）对于已有 4G 扩展型皮站的场景，有两种改造方式：一种是采用叠加 5G 单模扩展型皮站；另一种是替换改造为 4G/5G 双模扩展型皮站。

9.7.2　分场景设计要点

扩展型皮站类型与有源室分相比，组网架构和设备的射频输出功率都与有源室分相同，所以其在各场景的设计要点也与有源室分相同。

9.7.2.1　写字楼设计要点

写字楼设计要点与有源室分相同。

9.7.2.2　宾馆、酒店设计要点

宾馆、酒店设计要点与有源室分相同。

9.7.2.3　医院设计要点

医院设计要点与有源室分相同。

9.7.2.4　IT 卖场、小商品市场设计要点

IT 卖场、小商品市场设计要点与有源室分相同。

9.7.2.5　停车场设计要点

停车场内部空旷无遮挡且层高有 3m 及以上的区域，远端单元布放间距可按 37m ～ 45m 考虑；停车场层高比较低且有排风管阻挡区域，远端单元布放间距可按 27m ～ 34m 考虑。

远端单元尽量交错布放，不要呈一条水平线放置，以便绕过内部立柱，充分利用远端单元的功率实现广覆盖，在出入口处要设置室内信号与室外宏站的切换带。

9.7.2.6　电梯设计要点

根据电梯运行的高度，合理采用扩展型皮站随厢覆盖或扩展型皮站外接电梯专用天线覆盖。

5G 网络共建共享探索与实践

10.1 总体原则

10.1.1 共建共享总体思路

基于双方的网络和频率资源，共同推进 5G 全生命周期内共建共享，快速生成 5G 服务能力，增强网络质量和业务体验。推动向 SA 演进，确保技术领先，提升业务支持能力。

10.1.2 共建共享总体原则

（1）具备演进能力的原则：过渡期采用 NSA 的共建共享，目标网为 SA 的共建共享。技术方案需要考虑 SA 的演进能力和未来的演进能力。

（2）尽快升级的原则：NSA 阶段共建共享技术方案复杂，设计的改造工作量大，网络管理、优化难度大，在 SA 具备商用能力的条件下，尽快演进至 SA 的共建共享，改善网络质量，提升网络竞争力。

（3）保护现网 4G 用户体验的原则：尽量减少对现有 4G 用户的影响。

（4）优先保障语音业务的原则：作为基础性业务，用户体验的变化敏感，需要优先保障语音业务的体验。

10.1.3 共建共享开通建设流程

整体流程按照资源准备、共享站点开通、测试、5G 关站 / 搬迁、运营商 5G 翻频、优化调整进行。共建共享开通建设流程如图 10-1 所示。

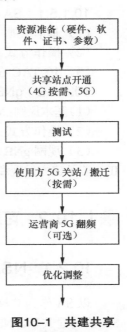

图10-1　共建共享
开通建设流程

10.1.4　NSA 共建共享关键参数（TAC 和 eNB ID）要求

10.1.4.1　共享载波 TAC 规划

（1）基本原则：4G TAC 省内要求唯一（已匹配双方 TAC 省内不冲突），以承建方为主，谁承建就使用谁的 TAC。

（2）操作方式：针对 NSA 商用地市，双方核心网互相配置规划对方城市的 4G TAC 段。

（3）特服分区图层，以特服分区边界不变为基准，组织评估核实 TAC 分区和特服分区差异的量，再制订调整方案。

（4）5G TAC 在 NSA 阶段暂不需要统一，承建方按照集团分配规范进行规划。

10.1.4.2　eNB ID 规划

（1）基本原则：省内要求唯一，如果和外省发生冲突，通过修改 Cell ID 区分。

（2）操作方式：以承建方为主，沿用承建方 eNB ID，如果省内有冲突，由承建方修改为共建共享段的 eNB ID。

（3）现网 eNB ID 与省外发生冲突，共享运营商双方分别提供一段空闲的 Cell ID，若承建方发现和外省冲突，由承建方将共享锚点基站修改为空闲 Cell ID。

10.1.5　SA 共建共享关键参数（TAC 和 gNB ID）要求

10.1.5.1　SA 共享 TAC 规划

（1）基本原则：5G TAC 省内要求唯一，以承建方为主，谁承建就使用谁的 TAC。

（2）操作方式：承建方各地市执行运营商集团或者本省的规划要求。

（3）5G TAC 在 SA 阶段需要统一，需要运营商双方协商一致。

10.1.5.2　gNB ID 规划

（1）基本原则：MME Pool 要求唯一，如果和外省发生冲突，通过修改 Cell ID 区分。

（2）操作方式：承建方各地市执行运营商集团或者本省的规划要求。

（3）现网 gNB ID 与省外发生冲突，共享运营商双方分别提供一段空闲的 Cell ID；若承建方发现和外省发生冲突，由承建方将共享锚点基站修改为空闲 Cell ID。

🖥 | 10.2　可选方案及应用场景

10.2.1　NSA、NSA/SA 双模、SA 3 种方案的演进路线

以 SA 作为共享网络的目标架构，过渡期采用 NSA 的共建共享，最终演进为 SA 的共建共享。NSA、NSA/SA 双模、SA 3 种方案演进示意如图 10-2 所示，3 种方案对比见表 10-1。

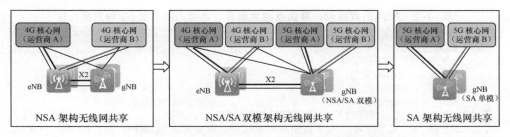

图10-2 NSA、NSA/SA双模、SA3种方案演进示意

表10-1 NSA、NSA/SA双模、SA3种方案对比

可选方案	方案描述	应用场景
NSA	存在双锚点、单锚点独立载波、单锚点共享载波 3 种技术方案	初期
NSA/SA 双模	存在可能场景： • 双方运营商都开启 NSA/SA 双模，5G 站点需要连接双方的 5GC 和 4G EPC+，4G 锚点方案与 NSA 阶段大致相同 • 运营商 A 仅开启 NSA，运营商 B 开启 SA	过渡期
SA	仅涉及 5G 站点共享，5G 共享站点分别连接运营商双方的 5GC，4G 基站不共享	目标

10.2.2 NSA 3 种方案优缺点比较及应用场景

10.2.2.1 共性问题

NSA 双锚点、单锚点独立载波、单锚点共享载波 3 种方案的共性问题如下所述。

（1）4G/5G 切换问题：由于当前厂商 4G 锚点站与 5G 站点的邻区、X2 均需要手工建立，后续维护优化的工作量巨大。建议双方运营商组成专项网络优化团队，做好双方 4G 之间的切换邻区配置。

（2）NSA 用户服务范围受限：NSA 用户如果不更换 SA 终端，将只能使用初期 NSA 部署范围的 5G NSA 信号，与 SA 终端全省均可用形成对比，导致用户体验差，容易引起用户的投诉。

10.2.2.2 3 种方案比较

NSA 的双锚点、单锚点独立载波、单锚点共享载波 3 种方案比较见表 10-2。

10.2.2.3 选取指引

锚点方案选取原则如下所述。

（1）同厂商区域两家运营商优选双锚点方案。

（2）异厂商区域双方根据 4G 现网的网络配置、网络负荷结合投资情况，双方共同决策。

（3）若选用单锚点共享载波方案：不建议双方插花共享，从技术层面来说单向共享问题不大，但需要双方运营商共同做好参数配置。

表10-2　NSA的双锚点、单锚点独立载波、单锚点共享载波3种方案比较

可选方案	方案描述	优点	缺点	应用场景
双锚点	由承建方建设5G共享基站，以各自双方原有的4G站点作为锚点基站	1）直接利旧锚点4G设备，部署较快，造价低 2）锚点负荷相互不影响 3）VoLTE可优先回落到锚点上，5G不掉线	1）共享方的锚点站与承建方的5G存在不共站场景，网络规划和优化存在问题 2）双锚点要求双方运营商的4G必须同厂商，区域受限	运营商双方同厂商区域
单锚点独立载波	利旧或者新建锚点共设备独立双载波	1）独立载波，锚点负荷相互不影响 2）VoLTE可优先回落到锚点上，5G不掉线	1）需要增加信道板及载波软件，延长工程的实施周期，增加工程投资至少4.7万元 2）需要核查现网4G设备是否支持双方运营商的4G带宽 3）当4G基站编号冲突时，可能涉及现网4G基站编号的修改 4）现网4G/5G邻区参数配置复杂	1）运营商双方异厂商区域 2）工程时限和投资情况满足
单锚点共享载波	利旧锚点共设备共享载波	直接利旧锚点4G设备，部署较快，造价低	1）双方4G需要共享TAC，对冲突TAC涉及现网TAC修改；当4G基站编号冲突时，可能修改现网4G基站的编号 2）现网4G/5G邻区参数配置复杂 3）共享方NSA用户在5G掉线或信号差时，使用承建方4G锚点分流数据业务，会造成锚点高负荷 4）为了确保VoLTE感知，运营商A用户VoLTE业务在运营商B承建区需要回落到运营商A频点，5G掉线，同时增加VoLTE的时延 5）共享方4G用户和VoLTE业务无信号时会占用承建方锚点站4G资源，造成高负荷、严重时无法接入等问题。需要使用方可使用的共享锚点PRB利用率 6）共享方4G用户和VoLTE业务连接态会切换到共享锚点站，需要通过切换参数设置解决 7）共享方用户会对承建方非锚点站造成严重的上行干扰 8）共享方用户在锚点站和非锚点站边界会大概率看不到5G信号 9）运营商B RRC连接数配置量相对较少，会对运营商A有影响 10）运营商双方目前QoS配置不一致会造成双方用户在共享基站下进行业务时，调度优先级不一致（目前运营商B默认承载QCI=6，运营商A默认承载QCI=9） 11）TAC插花问题。运营商A添加运营商B共享TAL/TAC造成大量4G现网TAC插花，增加信令开销，并影响VoLTE寻呼 12）共享边界，使用方5G终端不能重选回自家问题。建议对于边界插花，增加一层共享锚点站 13）运营商B站点将4G唯一用户推送到运营商A共享小区，运营商B需要确保参数设置只把NSA用户推向运营商A的共享小区	1）运营商双方异厂商区域 2）时间紧，无额外投资

10.2.3　SA 共享方案

组网架构相对简单，仅涉及 5G 站点共享，5G 共享站点分别连接运营商双方 5GC，4G 基站不共享，具体情况可参考 10.8。

10.3　网管方案

10.3.1　无线 OMC-R 网管组网原则

以运营商 A 为例说明，5G 移动无线网 OMC-R 网管的组网原则如下所述。

（1）OMC-R 设备在运营商 A 省层面设置，通过 EPC-CE 接入。其中，OMC-R 设备与基站的通信（南向）使用 RAN VPN 承载，OMC-R 设备与网管反拉终端的通信（北向）使用 DCN 承载（即要求 OMC-R 设备通过双网卡接入）。

（2）网管反拉终端通过 DCN 访问运营商 A 省层面的 OMC-R 设备，实现对运营商 A 承建站点的网络维护，以及对运营商 B 承建站点的告警、性能、配置等进行查询、导出。

10.3.2　共建共享 OMC-R 无线网管方案

按照运营商 A 对网管的统一要求，各厂商 OMC-R 按省集中放置，不同厂商均需要配置 OMC-R。同一厂商的共享站和非共享站采用共同网管统一管理，共享双方各自建设无线网管，共享站接入到承建方对应厂商的网管。

在网管中按地市设置 5G 共享域和锚点共享域，共建共享网元应归属于对应的共享域。共享域对共享双方均开放，其中对共享方仅开放查询权限，对承建方可开放操作权限。

运营商双方网管系统间要实现数据的交互对接，实现非承建方可查询，导出共享站的告警、性能、配置等信息。

10.3.3　OMC-R 无线网管数据的交互对接落地方案

运营商 A 和运营商 B 的 OMC-R 无线网管数据的交互对接，通过省层面部署，实现 OMC-R 无线网管反拉终端的相互反拉。运营商 A 在北向通信链路中的防火墙处新增专线至运营商 B 的网管北向网络，双方采用防火墙对接，实现运营商双方网管系统间的对接。

为减少内网地址暴露及地址冲突等安全问题，双方网络的路由不通告对方的 IP 地址段，需在对接防火墙上做双向 NAT：运营商 A 将运营商 B 的 IP 地址 NAT 成 DCN 规划地址，提供给运营商 A 侧的用户访问；运营商 B 将运营商 A 的 IP 地址 NAT 成运营商 B 内的规划地址，提供给运营商 B 侧的用户访问。

10.4 承载网方案

10.4.1 过渡期承载网互联互通总体策略与原则

（1）互联方案：互联互通是以本地网互通为目标。

① 初期可采用已有 4G 网络互通链路满足 5G 互联互通需求，按需扩容，利用率控制在 50% 以下。

② 原有 4G 共享 VPN 保持不变。

③ 新增 5G 基站 NSA 业务接入双方现有 4G RAN VPN。

（2）双方共同规划 IP 地址，避免地址冲突，满足长期业务发展的需求。

（3）谁建设谁维护，延续原有 4G 共享阶段的维护流程。

10.4.2 VPN 互通方案

（1）VPN 互通总体方案如下所述。

① 5G NSA 接入双方现有 4G RAN VPN；双方现有 4G RAN VPN 应采用 Option A 方式打通。

② 对 5G NSA 共享基站采用不同的逻辑子接口，分别配置运营商 A 和运营商 B 的业务 IP 地址以区分不同运营商的业务；以省为单位，各自协商 VLAN 规划。

③ 为了避免现网 4G 基站大规模改造，每个 4G 锚点 eNB 需要通过 1 个或 2 个业务接口 IP 接入到现有 4G RAN VPN 中。

④ 用 OptionA 对接进行 BGP 路由过滤和控制，相互发布对方 5G NSA 和 4G 基站汇总路由。

VPN 互通总体方案示意如图 10-3 所示。

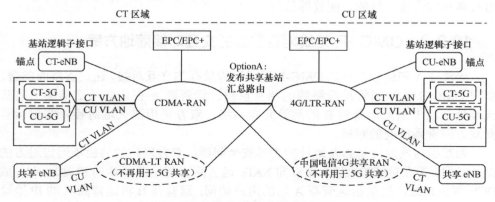

图10-3 VPN互通总体方案示意

（2）VPN 互通方案——单锚点用承建方 4G 做锚点（以运营商 A 承建为例）如图 10-4 所示。

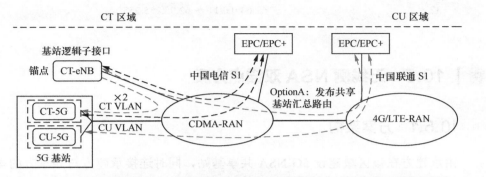

图10-4 VPN互通方案——单锚点用承建方4G做锚点（以运营商A承建为例）

（3）VPN 互通方案——双锚点用承建方和共享方 4G 做锚点（以运营商 A 承建为例）如图 10-5 所示。

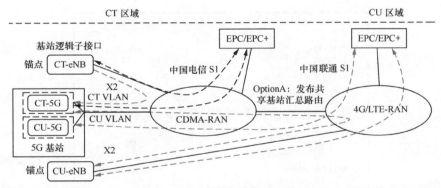

图10-5 VPN互通方案——双锚点用承建方和共享方4G做锚点（以运营商A承建为例）

10.4.3 IP 地址规划

对于一个 5G 基站，配置两个业务接口的 IP 地址，运营商 A 的业务接口用运营商 A 的 IP 地址段，运营商 B 的业务接口用运营商 B 的 IP 地址段。对某些基站不支持双业务 IP 的设备厂商，现阶段暂时使用主建方的 IP 地址。某省运营商 A 和某省运营商 B 的 IP 地址规划见表 10-3 和表 10-4。

表10-3 某省运营商A的IP地址规划

地址量（B）	运营商 A 的 5G NSA 及 SA 基站地址范围
24	42.40.0.0 ～ 42.63.255.255

表10-4　某省运营商B的IP地址规划

数量（B）	运营商 B 的地址段
32	62.64.0.0/11 ～ 62.95.255.255/11

10.5　无线侧 NSA 双锚点方案

10.5.1　方案架构

由承建方在该区域建设 5G NSA 共享基站，同时连接承建方与共享方的 4G 核心网（EPC），用承载网打通方式建立 X2 连接，以各自双方原有的 4G 站点作为锚点基站。仅共享 5G 基站，不共享 4G 基站。NSA 共享双锚点方案如图 10-6 所示。

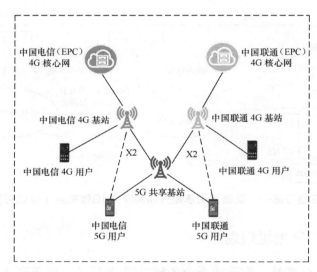

图10-6　NSA共享双锚点方案

10.5.2　站点级开通流程

运营商 A 作为承建方，双锚点方案站点开通流程如图 10-7 所示。

注意：各个地市新增共享共建基站，请严格按照基站地市对应的 MME Pool 配置，不能出现错挂或者漏挂的情况。

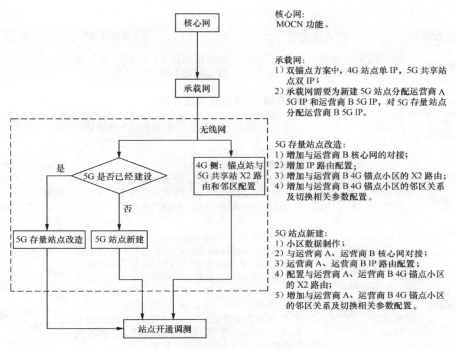

核心网:
MOCN 功能。

承载网:
1) 双锚点方案中, 4G 站点单 IP, 5G 共享站点双 IP;
2) 承载网需要为新建 5G 站点分配运营商 A 5G IP 和运营商 B 5G IP, 对 5G 存量站点分配运营商 B 5G IP。

5G 存量站点改造:
1) 增加与运营商 B 核心网的对接;
2) 增加 IP 路由配置;
3) 增加与运营商 B 4G 锚点小区的 X2 路由;
4) 增加与运营商 B 4G 锚点小区的邻区关系及切换相关参数配置。

5G 站点新建:
1) 小区数据制作;
2) 与运营商 A、运营商 B 核心网对接;
3) 运营商 A、运营商 B IP 路由配置;
4) 配置与运营商 A、运营商 B 4G 锚点小区的 X2 路由;
5) 增加与运营商 A、运营商 B 4G 锚点小区的邻区关系及切换相关参数配置。

图10-7 双锚点方案站点开通流程

10.5.3 5G 侧实施方案

（1）承建方 5G 共享基站的安装建设, 包含 AAU、BBU, 同时需要根据站点情况新增相应的光缆及电源等配套设施。

（2）承建方 5G 基站软件升级到共建共享的目标版本, 增加共建共享的相关特性。

（3）承建方传输提供共享站点使用的网关。

（4）承建方和使用方分别配置 5G 共享基站到承建方 EPC 及使用方 EPC 的路由及 S1-U 数据、5G 邻区相关配置。

（5）5G 共享基站增加共享方运营商的 PLMN 信息。

5G 共享可选方案和 5G 站点实施方案见表 10-5 和表 10-6。

表10-5 5G共享可选方案

可选方案	方案描述	设备方案
独立载波	使用同一个硬件 AAU, 双方使用各自的100MHz 频率带宽	5G AAU 需要支持瞬时工作带宽（Instantaneous Bandwidth, IBW）至少 200MHz, 每载扇配置 1 台 AAU, 每台 BBU 回传至承载 A 设备可配置 1 条共享光路或者 2 条独立光路

（续表）

可选方案	方案描述	设备方案
共享载波	使用同一个硬件 AAU，双方共同使用 100MHz 的频率带宽	每载扇配置 1 台 AAU，每台 BBU 回传至承载 A 设备配置 1 条共享光路

表10-6　5G站点实施方案

方案	载波方案	AAU	BBU	前传光缆/光模块	回传光缆/光模块	电源
5G 站点实施方案	共享载波	设备输出功率至少 200W	每个 3AAU 站点配置 1 块基带单元及 1 块主控板	每条 BBU-AAU 的前传链路需要采用 1 对 25Gbit/s 单芯双向光模块，至少 1 芯光缆，即一个站 3 个 AAU 下至少有 3 芯光缆，若是双芯光模块则有 6 芯光缆	配置 1 条 BBU-A 设备的光路，采用 10Gbit/s 光模块回传	BBU：参考配置 1 块基带板功耗预留 AAU：参考输出功率预留
5G 站点实施方案	独立载波	设备支持 IBW 至少 200MHz 带宽，输出功率至少 200W	每个 3AAU 站点配置 2 块基带单元及 1 块主控板	每条 BBU-AAU 的前传链路需要采用 2 对 25Gbit/s 单芯双向光模块，至少 2 芯光缆，即一个站 3 个 AAU 下至少有 6 芯光缆，若是双芯光模块则有 12 芯光缆	● 独立承载时配置 2 条 BBU-A 设备的光路，采用 2×10Gbit/s 光模块回传 ● 共享承载时配置 1 条 BBU-A 设备的光路，采用 10Gbit/s 光模块回传	BBU：参考配置 2 块基带板功耗预留 AAU：根据输出功率预留

10.5.4　4G 侧实施方案

锚点方案：锚点使用原有的 4G 基站，因此锚点频率为双方各自的 4G 频点。

适用情况：本共享方案适用于区域内中国电信和中国联通的 4G 基站及 5G 基站均为同厂商的情况。

该方案在双方 4G 同厂商区域的情况下，承建方和共享方各自利旧现有的 4G 设备作为锚点，不需要开通 4G 共享功能。

（1）承建方 4G 锚点基站软件升级支持 NSA 功能的目标版本，增加 4G/5G 互操作的功能特性。

（2）承建方 4G 锚点基站和 5G 共享基站间配置 X2 路由及 X2-C 和 X2-U 链路、NSA DC 数据、4G/5G 邻区配置（包含锚点站和非锚点站邻区）、4G/5G 互操作策略配置、切换策略和协同优化。

（3）使用方 4G 锚点基站软件升级支持 NSA 功能的目标版本，增加 4G/5G 互操作的功能特性。

（4）使用方 4G 锚点基站和 5G 共享基站间配置 X2 路由及 X2-C 和 X2-U 链路、NSA DC 数据、4G/5G 邻区配置（含锚点站和非锚点站邻区）、4G/5G 互操作策略配置、切换策略和协同优化。

4G 锚点实施方案见表 10-7。

表10-7　4G锚点实施方案

方案	锚点频点	主设备配置	天馈、电源及光缆等配套方案
4G 双锚点独立载波	4G 同厂商区域各自利旧现网 1.8GHz 或 2.1GHz 的设备作为锚点	• 利旧现网设备 • 不需要加载共享功能	利旧

10.5.5 语音解决方案

双方 VoLTE 业务各自回落至本方 4G 锚点基站发起，NSA 锚点层直接承载 VoLTE 业务，时延无影响。

10.5.6 网络演进方案

NSA/SA 双模共享双锚点方案如图 10-8 所示。

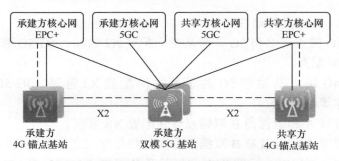

图10-8　NSA/SA双模共享双锚点方案

双锚点独立载波方案的演进过渡阶段为 NSA/SA 双模方案，5G 基站开通 NSA/SA 双模功能，同时连接至双方新建的 5G 核心网，即 5G 基站同时连接 4 个核心网，同时支撑 5G NSA 及 SA 终端接入网络。SA 组网共享如图 10-9 所示。

图10-9　SA组网共享

最终演进为 SA 独立组网阶段，5G 基站断开与 EPC+ 的连接，仅与双方 5GC 连接。同时双方各自的 4G 基站断开 X2 接口，回退至各自原有的 4G 状态。

10.5.7 关键参数配置

10.5.7.1 共享小区参数配置

共享小区参数配置见表10-8。

表10-8 共享小区参数配置

共享站点	TAC	基站编号	PCI	PRACH
4G	不共享，无要求	不共享，无要求	不共享，无要求	不共享，无要求
5G	在 NSA 阶段暂不需要统一，承建方按照其集团分配规范规划	在 NSA 阶段暂不需要统一，承建方按照其集团分配规范规划	采用同频共建共享，需要考虑运营商边界、设备商边界及省市边界 PCI 分段划分	采用同频共建共享，需要考虑运营商边界、设备商边界及省市边界 PRACH 分段划分

10.5.7.2 邻区及移动性

承建方 4G 锚点基站和 5G 共享基站间配置 X2 链路、4G/5G 邻区配置、4G/5G 互操作策略配置。

使用方 4G 锚点基站和 5G 共享基站间配置 X2 链路、4G/5G 邻区配置、4G/5G 互操作策略配置。

（1）运营商 A 和运营商 B 双锚点分别配置 NR 邻区。

（2）运营商 A 和运营商 B 双锚点分别与相邻锚点之间配置同频邻区。

（3）根据现网策略，运营商 A 和运营商 B 双锚点分别配置 LTE 异频邻区。

10.6 无线侧 NSA 单锚点独立载波方案

10.6.1 方案架构

由承建方在该区域建设 5G NSA 共享基站，5G 基站同时连接承建方与共享方的 4G EPC+，同时以承载网建立与锚点站的 X2 连接。4G 基站开通 2 个载波，作为承建方与共享方的锚点，分别连接至各自的 4G EPC+。5G 基站共享，4G 锚点站共享，双方各自使用独立载波。

NSA 共享单锚点独立载波方案如图 10-10 所示。

10.6.2 站点开通流程

运营商 A 作为承建方，单锚点独立载波方案站点开通流程如图 10-11 所示。

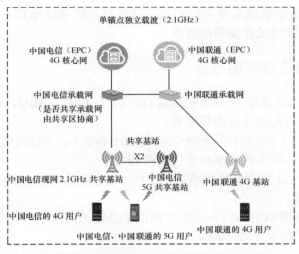

图10-10　NSA共享单锚点独立载波方案

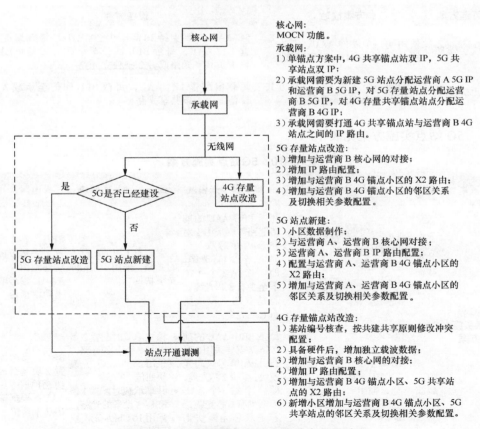

图10-11　单锚点独立载波方案站点开通流程

注意：各个地市新增共享共建基站，请严格按照基站地市对应的 MME Pool 配置，不能出现错挂或者漏挂的情况。

10.6.3 5G 侧实施方案

（1）承建方 5G 共享基站的安装建设，包含 AAU、BBU，同时需要根据站点情况新增相应的光缆及电源等配套。

（2）承建方 5G 基站软件升级到共建共享的目标版本，增加共建共享的相关特性。

（3）承建方传输提供共享站点使用的网关。

（4）承建方 5G 共享基站到承建 EPC 及使用方 EPC 的路由及 S1-U 数据、5G 邻区相关配置。

（5）5G 共享基站增加共享方运营商的 PLMN 信息。

5G 共享可选方案见表 10-9。

表10-9 5G共享可选方案

可选方案	方案描述	设备方案
独立载波	使用同一个硬件 AAU，双方使用各自的 100MHz 频率带宽	5G AAU 需要支持 IBW 至少 200MHz，每载扇配置 1 台 AAU，每台 BBU 回传至承载 A 设备可配置 1 条共享光路或者 2 条独立光路
共享载波	使用同一个硬件 AAU，双方共同使用 100MHz 频率带宽	每载扇配置 1 台 AAU，每台 BBU 回传至承载 A 设备配置 1 条共享光路

5G 站点实施方案见表 10-10。

表10-10 5G站点实施方案

方案	载波方案	AAU	BBU	前传光缆/光模块	回传光缆/光模块	电源
5G 站点实施方案	共享载波	设备输出功率至少 200W	每个 3AAU 站点配置 1 块基带单元及 1 块主控板	每条 BBU-AAU 的前传链路需要采用 1 对 25Gbit/s 单芯双向光模块，至少 1 芯光缆，即一个站 3 个 AAU 下至少有 3 芯光缆，若是双芯光模块则有 6 芯光缆	配置 1 条 BBU-A 设备的光路，采用 10Gbit/s 光模块回传	BBU：参考配置 1 块基带板功耗预留 AAU：参考输出功率预留
	独立载波	设备支持 IBW 至少 200MHz 带宽，输出功率至少 200W	每个 3AAU 站点配置 2 块基带单元及 1 块主控板	每条 BBU-AAU 的前传链路需要采用 2 对 25Gbit/s 单芯双向光模块，至少 2 芯光缆，即一个站 3 个 AAU 下至少有 6 芯光缆，若是双芯光模块则有 12 芯光缆	• 独立承载时配置 2 条 BBU-A 设备的光路，采用 2×10 Gbit/s 光模块回传 • 共享承载时配置 1 条 BBU-A 设备的光路，采用 10 Gbit/s 光模块回传	BBU：参考配置 2 块基带板功耗预留 AAU：根据输出功率预留

10.6.4 4G 侧实施方案

锚点方案：4G 基站开通 2 个载波，作为承建方与共享方的锚点，分别连接至各自的 4G EPC+。

适用情况：本共享方案适用于区域内运营商 A 和运营商 B 4G 基站异厂商的情况。

该方案在双方 4G 异厂商区域的情况下，承建方利旧或新建单锚点 4G 独立双载波，并开通 4G 共享功能。

（1）双方共享 4G 基站编号信息核查，确保没有基站编号冲突，尤其不要与省外基站编号发生冲突。

（2）承建方传输提供共享站点使用的 4G 站点网关。

（3）承建方 4G 锚点共享基站软件升级支持 NSA 及支持锚点专用优先级功能的目标版本，增加独立载波、电路域回落（Circuit Switched Fallback，CSFB）功能、4G/5G 互操作的功能特性。

（4）承建方和使用方在 4G 锚点共享基站和双方 EPC 上分别配置 S1 路由及 S1-C 和 S1-U 链路。

（5）承建方负责在 4G 锚点共享基站和 5G 共享基站间配置 X2 路由及 X2-C 和 X2-U 链路（为承建方和共享方分别配置 X2 对象，各自独立配置建立 X2 SCTPLINK）。

（6）承建方 4G 锚点共享基站为承建方和使用方分别配置：增加共享方运营商的 PLMN 信息、NSA DC 相关数据、4G/5G 邻区配置、4G/5G 互操作策略配置，需要在运营商 A 4G 锚点共享基站上，新加运营商 B CSFB 的相关数据，协同优化。

（7）使用方 4G 基站软件升级支持锚点专用优先级功能的目标版本，增加 4G/5G 互操作功能特性。

（8）使用方 4G 基站添加 4G/5G 互操作策略配置，引导本网 NSA 用户至承建方 4G 共享锚点上，协同优化。

4G 锚点实施方案见表 10-11。

表10-11 4G锚点实施方案

方案	锚点频点	主设备配置	天馈、电源及光缆等配套方案
4G 单锚点独立载波	在现网 1.8GHz 或 2.1GHz 上开通 2 个同频载波，分别作为承建方与共享方的锚点	• 采用 2.1GHz 独立载波，若站点无 2.1GHz 设备，需要新增一套可支持至少 45MHz 带宽且发射功率至少为 2×40W 的 2.1GHz 设备，同时新增 2 套载波资源及 1 块 4G 基带板，并打开独立载波共享功能；若站点有 2.1GHz 设备，需要核实设备带宽（>45MHz）及功率（至少 2×40W）是否满足要求，同时新增 2 套载波资源及 1 块 4G 基带板，并打开独立载波共享功能 • 采用 1.8GHz 独立载波，考虑到目前 1.8GHz 无多余带宽开通第二载波做锚点，且新集采前 1.8GHz 设备带宽及功率不足以支持开通第二载波，因此不建议此方案	• 站点若无 2.1GHz 设备，需要相应新增或改造天馈及电源 • 利旧光缆

10.6.5 语音解决方案

各自 VoLTE 业务承载在锚点站各自独立的 4G 载波上，NSA 锚点层直接承载 VoLTE 业务，时延无影响。

10.6.6 网络演进方案

NSA/SA 双模共享单锚点独立载波方案如图 10-12 所示。

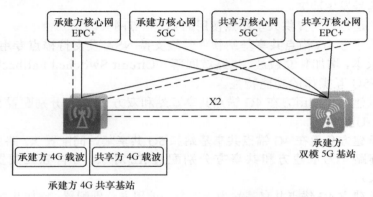

图10-12　NSA/SA双模共享单锚点独立载波方案

单锚点独立载波方案的演进过渡阶段为 NSA/SA 双模方案，5G 基站开通 NSA/SA 双模功能，同时连接至双方新建的 5G 核心网，5G 基站同时连接 4 个核心网。SA 组网共享如图 10-13 所示。

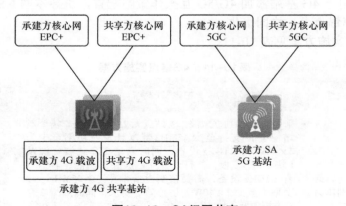

图10-13　SA组网共享

最终在 SA 独立组网阶段，5G 基站断开与 EPC+ 的连接，仅与双方 5GC 连接，同时，共享的 4G 锚点基站保持共享状态。

10.6.7 关键参数配置

10.6.7.1 共享小区参数配置

共享小区关键参数配置见表 10-12。

表10-12 共享小区关键参数配置

共享站点	TAC	基站编号	PCI	PRACH
4G	双方共享的 4G 频点、小区相互独立，4G TAC 可独立规划	• 基本原则：省内要求唯一，如果和外省发生冲突，通过修改 Cell ID 区分解决 • 操作方式：以承建方为主，沿用承建方 eNB ID，如果省内有冲突不唯一，由承建方修改为共建共享段的 eNB ID • 现网 eNB ID 与省外发生冲突，运营商双方分别提供一段空闲的 Cell ID；若承建方发现和外省冲突，由承建方将共享锚点基站修改为空闲的 Cell ID		
5G	在 NSA 阶段暂不需要统一，承建方按照其集团分配规范规划	在 NSA 阶段暂不需要统一，承建方按照其集团分配规范规划	采用同频共建共享，需要考虑运营商边界、设备商边界及省市边界 PCI 分段划分	采用同频共建共享，需要考虑运营商边界、设备商边界及省市边界 PRACH 分段划分

10.6.7.2 邻区及移动性参数配置

（1）承建方在 4G 锚点共享基站和 5G 共享基站间配置 X2。

（2）承建方 4G 锚点共享基站为承建方和使用方分别进行 4G/5G 邻区配置、4G/5G 互操作策略配置（若中国电信作为此方案的承建方，还需要在中国电信 4G 共享基站上新加中国联通 CSFB 的相关数据）。

①新增锚点与 NR 邻区。

②独立载波间邻区。

③锚点小区与 4G 其他频点异频小区。

（3）承建方 4G 锚点小区支持识别共享方 5G 终端，并通过专用频率优先级的方式使共享方 5G 终端优先驻留承建方共享 4G 锚点小区。

（4）使用方 LTE 网络支持识别 5G 终端，并通过专用频率优先级的方式引导 5G 终端优先接入同区域承建方共享 4G 锚点小区。

10.7 无线侧 NSA 单锚点共享载波方案

10.7.1 方案架构

由承建方在该区域建设 5G NSA 共享基站，5G 基站同时连接承建方与共享方的 4G EPC+，同时以承载网打通方式建立与锚点站的 X2 连接。双方共享承建方 4G 基站现网的1.8GHz 或 2.1GHz 载波作为承建方与共享方的锚点，分别连接至各自的 4G EPC+。NSA 共享双锚点方案如图 10-14 所示。

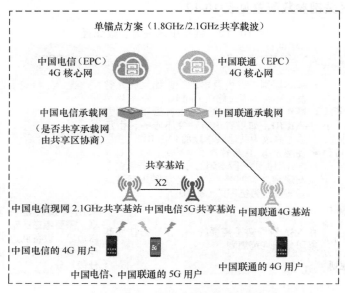

图10-14　NSA共享双锚点方案

10.7.2　站点级开通流程

运营商 A 作为承建方，单锚点共享载波方案站点开通流程如图 10-15 所示。

注意：各个地市新增共享共建基站，请严格按照基站地市对应的 MME Pool 配置，不能出现错挂或者漏挂的情况。

10.7.3　5G 侧实施方案

（1）承建方 5G 共享基站的安装建设，包含 AAU 和 BBU，同时需要根据站点情况新增相应的光缆及电源等配套设施。

（2）承建方 5G 基站软件升级到共建共享的目标版本，增加共建共享的相关特性。

（3）承建方传输提供共享站点使用的网关。

（4）承建方 5G 共享基站到承建方 EPC 及使用方 EPC 的路由及 S1-U 数据、5G 邻区相关配置。

（5）5G 共享基站增加共享方运营商的 PLMN 信息，采用共享的 gNB 及 TAC 参数设置，5G 边界频点由双方协同规划。

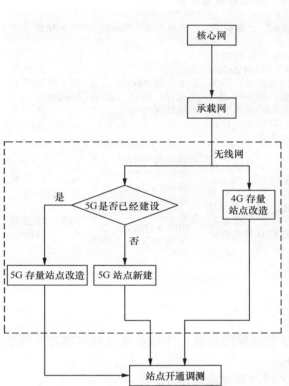

核心网：
1）新增 TAC 配置；
2）TAL 优化配置；
3）紧急呼叫；
4）IMS 相关配置；
5）MOCN 功能。

承载网：
1）单锚点方案中，4G 共享锚点站双 IP，5G 共享站点双 IP；
2）承载网需要为新建 5G 站点分配运营商 A 5G IP 和运营商 B 5G IP，对 5G 存量站点分配运营商 B 5G IP，对 4G 存量共享锚点站点分配运营商 B 4G IP；
3）承载网需要打通 4G 共享锚点站与运营商 B 4G 站点之间的 IP 路由。

5G 存量站点改造：
1）增加与运营商 B 核心网的对接；
2）增加 IP 路由配置；
3）增加与运营商 B 4G 锚点小区的 X2 路由；
4）增加与运营商 B 4G 锚点小区的邻区关系及切换相关参数配置。

5G 站点新建：
1）小区数据制作；
2）与运营商 A、运营商 B 核心网的对接；
3）运营商 A、运营商 B IP 路由配置；
4）配置与运营商 A、运营商 B 4G 锚点小区的 X2 路由；
5）增加与运营商 A、运营商 B 4G 锚点小区的邻区关系及切换相关参数配置。

4G 存量锚点站改造：
1）TAC、基站编号核查，按共建共享原则修改冲突配置；
2）增加与运营商 B 核心网的对接；
3）增加 IP 路由配置；
4）增加与运营商 B 4G 锚点小区的 X2 路由；
5）增加与运营商 B 4G 锚点小区的邻区关系及切换相关参数配置。

图10-15 单锚点共享载波方案站点开通流程

5G 共享可选方案见表 10-13。

表10-13 5G共享可选方案

可选方案	方案描述	设备方案
独立载波	使用同一个硬件AAU，双方使用各自的100MHz频率带宽	5G AAU 需要支持 IBW 至少 200MHz 带宽，每载扇配置 1 台 AAU，每台 BBU 回传至承载 A 设备可配置 1 条共享光路或者 2 条独立光路
共享载波	使用同一个硬件 AAU，双方共同使用100MHz 频率带宽	每载扇配置 1 台 AAU，每台 BBU 回传至承载 A 设备配置 1 条共享光路

5G 站点实施方案见表 10-14。

表10-14　5G站点实施方案

方案	载波方案	AAU	BBU	前传光缆/光模块	回传光缆/光模块	电源
5G站点实施方案	共享载波	设备输出功率至少200W	每个3AAU站点配置1块基带单元及1块主控板	每条BBU-AAU的前传链路需要采用1对25Gbit/s单芯双向光模块，至少1芯光缆，即一个站3个AAU下至少有3芯光缆，若是双芯光模块则有6芯光缆	配置1条BBU-A设备的光路，采用10Gbit/s光模块回传	BBU：参考配置1块基带板功耗预留 AAU：参考输出功率预留
	独立载波	设备支持IBW至少200MHz带宽，输出功率至少200W	每个3AAU站点配置2块基带单元及1块主控板	每条BBU-AAU的前传链路需要采用2对25Gbit/s单芯双向光模块，至少2芯光缆，即一个站3个AAU下至少有6芯光缆，若是双芯光模块则有12芯光缆	• 独立承载时配置2条BBU-A设备的光路，采用2×10Gbit/s光模块回传 • 共享承载时配置1条BBU-A设备的光路，采用10Gbit/s光模块回传	BBU：参考配置2块基带板功耗预留 AAU：根据输出功率预留

10.7.4　4G 侧实施方案

锚点方案：使用承建方现网 4G 基站现网载波，作为承建方与共享方共同的锚点，分别连接至各自的 4G EPC+。

适用情况：本共享方案适用于区域内双方运营商 4G 基站异厂商的情况。

该方案在双方 4G 异厂商区域的情况下，承建方利旧单锚点 4G 载波，并开通 4G 共享功能。

（1）双方共享 4G 基站编号、小区 TAC 信息核查，确保没有基站编号和 TAC 冲突，按共建共享原则修改冲突配置。

（2）承建方传输提供共享站点使用的 4G 站点网关。

（3）承建方 4G 锚点共享基站软件升级支持 NSA 及支持锚点专用优先级功能的目标版本，增加共享载波共享功能、CSFB 功能、4G/5G 互操作功能特性。

（4）承建方在 4G 锚点共享基站和双方 EPC 上分别配置 S1 路由及 S1-C 和 S1-U 链路。

（5）承建方负责在 4G 锚点共享基站和 5G 共享基站间配置 X2 路由及 X2-C 和 X2-U 链路（分别为承建方和共享方配置 X2 对象，X2 SCPTLINK 共享）。

（6）承建方负责在 4G 锚点共享基站为承建方和使用方分别提供 NSA DC 相关数据、4G/5G 邻区配置、4G/5G 互操作策略配置，需要在运营商 A 4G 锚点共享基站上新加运营商 B CSFB 的相关数据，协同优化。

（7）使用方 4G 基站软件升级支持锚点专用优先级功能的目标版本，增加 4G/5G 互操作功能特性。

（8）使用方 4G 基站添加 4G/5G 互操作策略配置，引导本网 NSA 用户至承建方 4G 共享锚点上，协同优化。

4G 锚点实施方案见表 10-15。

表10–15　4G锚点实施方案

方案	锚点频点	主设备配置	天馈、电源及光缆等配套方案
4G单锚点共享载波	采用现网1.8GHz 或 2.1GHz 载波作为承建方与共享方的 4G 共享锚点	利旧现有1.8GHz 或 2.1GHz 站点 4G 设备，开通加载相应锚点站点的 4G 共享功能	利旧

10.7.5　语音解决方案

基于 VoLTE 业务类型的切换策略，将共享方的 VoLTE 用户切换至本方的 VoLTE 频点或小区开展语音业务，增加了时延。

10.7.6　网络演进方案

NSA/SA 双模共享单锚点共享载波方案如图 10-16 所示。

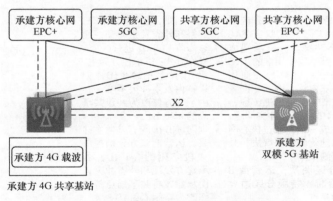

图10–16　NSA/SA双模共享单锚点共享载波方案

单锚点共享载波方案的演进过渡阶段为 NSA/SA 双模方案，5G 基站开通 NSA/SA 双模功能，同时连接至双方新建的 5G 核心网，5G 基站同时连接 4 个核心网。

第三阶段 SA 组网共享如图 10-17 所示。

最终在 SA 独立组网阶段，5G 基站断开与 EPC+ 的连接，仅与双方 5GC 连接。同时，承建方的共享基站断开与共享方 EPC+ 的连接，关闭共享。

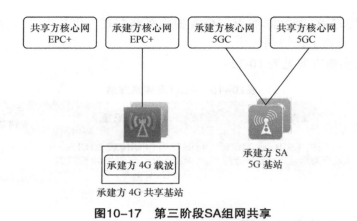

图10-17　第三阶段SA组网共享

10.7.7　关键参数配置

10.7.7.1　共享小区参数配置

共享小区关键参数配置见表 10-16。

表10-16　共享小区关键参数配置

共享站点	TAC	基站编号	PCI	PRACH
4G	• 基本原则：4G TAC 省内要求唯一（已匹配双方 TAC 省内不冲突），以承建方为主，谁承建使用谁的 TAC • 操作方式：针对 NSA 商用城市，双方核心网互相配置对方城市的规划4G TAC 段，针对 4G TAC 省外冲突问题，双方达成一致，通过核心网配置本地优先策略解决，减少基站侧操作 • 特服分区图层，运营商 B 以运营商 A 特服分区边界不变为基准	• 基本原则：省内要求唯一，如果和外省发生冲突，通过修改 Cell ID 进行区分 • 操作方式：以承建方为主，沿用承建方 eNB ID，如果省内发生冲突不唯一，由承建方修改为共建共享段的 eNB ID • 现网 eNB ID 与省外发生冲突，运营商双方分别提供一段空闲的 Cell ID，若承建方发现和外省冲突，由承建方将共享锚点基站修改为空闲 Cell ID		
5G	NSA 阶段暂不需要统一，承建方按照其集团分配规范进行规划	NSA 阶段暂不需要统一，承建方按照其集团分配规范进行规划	采用同频共建共享，需要考虑运营商边界、设备商边界及省市边界 PCI 分段划分	采用同频共建共享，需要考虑运营商边界、设备商边界及省市边界PRACH分段划分

10.7.7.2　邻区及移动性参数配置

（1）承建方在 4G 锚点共享基站和 5G 共享基站间配置 X2 路由。

（2）承建方 4G 锚点共享基站为承建方和使用方分别进行 4G/5G 邻区配置、4G/5G 互操作策略配置，以 1.8GHz 载波开放共享为例：

① 1.8GHz 共享载波配置 NR 邻区；

② 1.8GHz 共享载波与相邻 1.8GHz 锚点独立载波配置同频邻区；

③ 1.8GHz 锚点共享载波到中国电信 850MHz 的异频邻区；

④ 配置 1.8GHz 锚点共享载波到中国联通 1.8GHz 的异频邻区。

（3）承建方 4G 锚点小区支持识别共享方 5G 终端，并通过专用频率优先级的方式使共享方 5G 终端优先驻留承建方共享 4G 锚点小区。

（4）使用方 LTE 网络支持识别 5G 终端，并通过专用频率优先级的方式引导 5G 终端优先接入同区域承建方共享 4G 锚点小区。

（5）承建方 4G 锚点小区基于 PLMN 分别为承建方、共享方用户配置所需的切换策略、邻区等。

（6）承建方 4G 锚点小区支持识别使用方 4G 终端，并通过专用频率优先级的方式引导使用方 4G 终端优先接入同区域的使用方 4G 小区。

10.8 SA 共建共享

10.8.1 方案架构

组网架构上共享的 5G 基站需要同时接入运营商双方的 5G 核心网（5GC）。由于是 SA 制式，共建共享无线侧只涉及双方 5G 基站，和 4G 基站无关。SA 共建共享架构如图 10-18 所示。

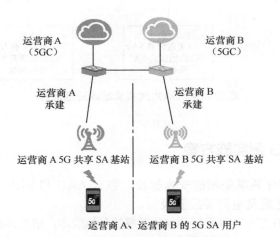

图10-18 SA共建共享架构

10.8.2　站点开通流程

运营商 A 作为承建方，SA 共建共享站点开通流程如图 10-19 所示。

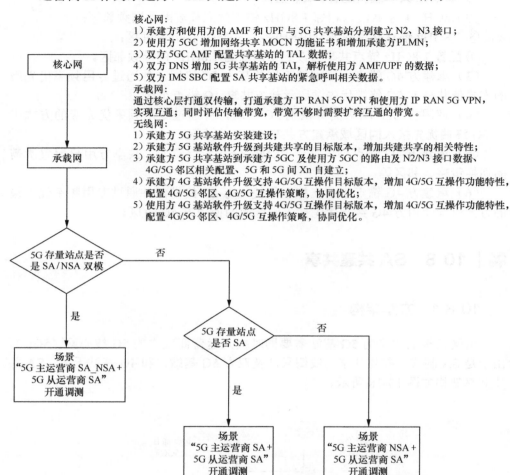

核心网：
1）承建方和使用方的 AMF 和 UPF 与 5G 共享基站分别建立 N2、N3 接口；
2）使用方 5GC 增加网络共享 MOCN 功能证书和增加承建方 PLMN；
3）双方 5GC AMF 配置共享基站的 TAL 数据；
4）双方 DNS 增加 5G 共享基站的 TAI，解析使用方 AMF/UPF 的数据；
5）双方 IMS SBC 配置 SA 共享基站的紧急呼叫相关数据。
承载网：
通过核心层打通双传输，打通承建方 IP RAN 5G VPN 和使用方 IP RAN 5G VPN，实现互通；同时评估传输带宽，带宽不够时需要扩容互通的带宽。
无线网：
1）承建方 5G 共享基站安装建设；
2）承建方 5G 基站软件升级到共建共享的目标版本，增加共建共享的相关特性；
3）承建方 5G 共享基站到承建方 5GC 及使用方 5GC 的路由及 N2/N3 接口数据、4G/5G 邻区相关配置、5G 和 5G 间 Xn 自建立；
4）承建方 4G 基站软件升级支持 4G/5G 互操作目标版本，增加 4G/5G 互操作功能特性，配置 4G/5G 邻区、4G/5G 互操作策略，协同优化；
5）使用方 4G 基站软件升级支持 4G/5G 互操作目标版本，增加 4G/5G 互操作功能特性，配置 4G/5G 邻区、4G/5G 互操作策略，协同优化。

图10-19　SA共建共享站点开通流程

10.8.3　5G 侧实施方案

（1）承建方 5G 共享基站的安装建设，包含 AAU 和 BBU，同时需要根据站点情况新增相应光缆及电源等配套设施。

（2）承建方 5G 基站软件升级到共建共享的目标版本，增加共建共享的相关特性。

（3）承建方 5G 共享基站到承建方 5GC 及使用方 5GC 的路由及 N2/N3 接口数据、

4G/5G 邻区相关配置、5G 和 5G 间 X2 自建立。

（4）5G 共享基站增加共享方运营商的 PLMN 信息，采用共享的 gNB 及 TAC 参数设置。

5G 共享可选方案见表 10-17。

表10–17　5G共享可选方案

可选方案	方案描述	设备方案
独立载波	使用同一个硬件 AAU，双方使用各自的 100MHz 频率带宽	5G AAU 需要支持 IBW 至少 200MHz 带宽，每载扇配置 1 台 AAU，每台 BBU 回传至承载 A 设备可配置 1 条共享光路或 2 条独立光路
共享载波	使用同一个硬件 AAU，双方共同使用 100MHz 频率带宽	每载扇配置 1 台 AAU，每台 BBU 回传至承载 A 设备配置 1 条共享光路

10.8.4　4G 侧实施方案

（1）承建方 4G 基站软件升级支持 4G/5G 互操作目标版本，增加 4G/5G 互操作功能特性，配置 4G/5G 邻区、4G/5G 互操作策略，协同优化。

（2）使用方 4G 基站软件升级支持 4G/5G 互操作目标版本，增加 4G/5G 互操作功能特性，配置 4G/5G 邻区、4G/5G 互操作策略，协同优化。

10.8.5　语音解决方案

双方 VoLTE 业务各自回落至本方 4G 基站发起。

10.8.6　网络演进方案

最终 SA 独立组网只与双方 5GC 连接。第三阶段 SA 组网共享如图 10-20 所示。

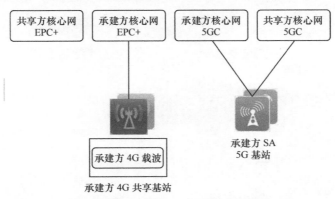

图10–20　第三阶段SA组网共享

10.8.7 关键参数配置

10.8.7.1 共享小区参数配置

共享小区关键参数配置见表 10-18。

表10-18 共享小区关键参数配置

共享站点	TAC	基站编号	PCI	PRACH
5G	• 基本原则：5G TAC 省内要求唯一，以承建方为主，谁承建使用谁的 TAC • 操作方式：承建方各地市按照运营商集团或者本省规划要求实施 • 5G TAC 在 SA 阶段需要统一，需要运营商双方协商一致	• 基本原则：MME Pool 要求唯一，如果和外省发生冲突，通过修改 Cell ID 区分 • 操作方式：承建方各地市按照运营商集团或者本省规划要求实施 • 现网 gNB ID 与省外发生冲突，运营商双方分别提供一段空闲的 Cell ID，若承建方发现和外省发生冲突，由承建方将共享锚点基站修改为空闲的 Cell ID	采用同频共建共享，需要考虑运营商边界、设备商边界及省市边界 PCI 分段划分	采用同频共建共享，需要考虑运营商边界、设备商边界及省市边界 PRACH 分段划分

10.8.7.2 邻区及移动性参数配置

（1）承建方 5G 共享基站配置到承建方的 4G/5G 邻区、5G 到 5G 的 Xn。

（2）承建方 5G 共享基站配置到使用方的 4G/5G 邻区、5G 到 5G 的 Xn。

（3）承建 4G 基站配置 4G/5G 邻区、4G/5G 互操作策略，协同优化。

（4）使用方 4G 基站配置 4G/5G 邻区、4G/5G 互操作策略，协同优化。

第 11 章

5G 网络节能探索与实践

11.1 总体情况

随着 5G 规模建设商用，5G 比 4G 大幅提升了设备的能耗，带来了运营成本（Operating Expense，OPEX）上升的巨大挑战，为提升网络的效益，5G 基站的节能特性仍需要探索与实践。

11.1.1 4G/5G 主设备功耗情况

总体而言，目前 5G 基站设备功耗为 4G 的 1.5 ～ 3 倍。4G/5G 设备典型功耗对比具体见表 11-1。

表11–1　4G/5G设备典型功耗对比

典型功耗（W）	宏站（按照 S111）			室分（按照汇聚：远端 =1：6 组网）		
	200W AAU/2×40W RRU	BBU	宏站每站小计	汇聚单元	远端单元（多模）	平摊后每远端单元
4G	250	200	950	70	30	42
5G	800	250	2650	90	55	70
5G：4G	3.2	1.3	2.8	1.3	1.8	1.7

从能效上看，5G 宏站低于 4G，而无论是 5G 还是 4G，有源室分的能效均远低于宏站，不足 2%。4G/5G 能效对比见表 11-2。

表11–2　4G/5G能效对比

设备	发射功率（P）	功耗（E）	能效（P/E）
4G 宏 RRU	80W（2×40W）	约 250W	32%
5G 宏 AAU	200W	约 800W	25%
4G 有源室分远端单元（1.8GHz+2.1GHz 双频）	0.4W（2×2×100mW）	约 42W	1.0%
5G 有源室分远端单元（2.1GHz+3.5GHz 双频）	1.2W（4×250mW+2×100mW）	约 70W	1.7%

11.1.2 基站节能手段概述

当前，5G 基站节能手段主要包括厂商提高设备的硬件集成度及能效、运营商开启网络设备节能特性以及降低基站周边配套设施的能耗（例如，空调、电池）3 种。网络节能手段见表 11-3。只有在设备厂商、网络运营商及铁塔公司等多方的共同努力下，移动网络的节能减排才能有效落实。

表11-3　网络节能手段

序号	节能手段	节能技术	推动方
1	设备的硬件集成度及能效提升	采用 GaN 材料、7nm 以上工艺等	设备厂商
2	开启网络设备节能特性（软件）	符号关断、通道关断等	运营商
3	配套节能（新风、动力）	新型冷却系统等	铁塔公司、运营商

其中，基站节能特性的应用包括分布式 BBU+AAU（对应室外宏站）、数字化有源室分（对应室分站点）两类设备形态，主要由运营商结合各自网络的情况按需部署。

11.2　基站可选节能特性

11.2.1　概述

目前，5G 基站可选的节能特性有符号关断、通道关断、载波关断和深度休眠 4 种。基站节能特性说明见表 11-4。

表11-4　基站节能特性说明

特性	定义	节能效果	网络影响
符号关断	设备检测到部分下行符号的发送时刻，没有数据发送时，关闭 PA，节省 PA 静态功耗。此外，优先将数据汇聚到广播、公共信道、参考信号所在时隙上集中发送，从而增加符号关断的机会，提升节能比例	与基站实时话务有关： 有源室分可平均节电约 5%（全天开启） 分布式宏站可平均节电 5% ～ 10%（全天开启）	基本无影响
通道关断	在低话务时段关闭部分 TRX 通道节能，涉及 PA、部分 TRX 的关断	与开启时段设置、基站实时话务有关： • 有源室分开启后可同比节电约 20%，综合考虑开启时段（例如，0:00 ～ 6:00 开启）后可平均节电 5% • 分布式宏站开启后可同比节电 20% ～ 25%，综合考虑开启时段（例如，0:00 ～ 6:00 开启）后可平均节电 5% ～ 10%	• 开启本特性时段，从 64TR 变 32TR/16TR 或 4T 变 2T/1T，对深度覆盖有一定的影响 • 通道恢复时间秒到分钟级别

（续表）

特性	定义	节能效果	网络影响
载波关断	4G/5G 协同下的 5G NR 载波关断，涉及 PA、数字芯片及 TRX 下行部分的关断	与开启时段设置、基站实时话务有关： • 有源室分开启后可同比节电 50%，综合考虑开启时段（例如，0:00 ~ 6:00 开启）后可平均节电 10% • 分布式宏站开启后可同比节电 40% ~ 50%，综合考虑开启时段（例如，0:00 ~ 6:00 开启）后可平均节电 10% ~ 15%	• 开启本特性时段，基站仅剩 4G 频点，5G 无覆盖 • 载波恢复时间秒到分钟级别
深度休眠	定时将 AAU/RRU 全部射频电路 + 部分基带数字电路关闭，仅保留前传接口	与开启时段设置有关： • 有源室分开启后可同比节电 60%，综合考虑开启时段（例如，0:00 ~ 6:00 开启）后可平均节电 15% • 分布式宏站开启后可同比节电 50% ~ 70%，综合考虑开启时段（例如，0:00 ~ 6:00 开启）后可平均节电 15% ~ 20%	• 开启本特性时段，该 AAU 设备不能提供业务，5G 无覆盖 • 载波恢复时间分钟级别

11.2.2　各种节能特性原理

11.2.2.1　符号关断

通过监测业务数据量，主动将数据业务调度到指定的符号上，在剩余的无有效信息传输时间，智能调节功放栅压或关闭 PA 可实现降低功耗的目的。符号关断示意如图 11-1 所示。

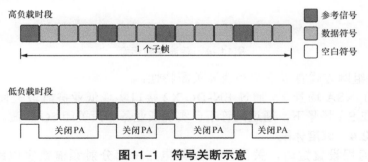

图11–1　符号关断示意

11.2.2.2　通道关断

在低话务量时，降低 MIMO 通道数，例如，宏 AAU 从 64TR 降到 32TR，通过关闭部分通道对应的 PA 及收发信机 TRX，降低功耗。AAU 通道关断示意如图 11-2 所示。RRU 通道关断示意如图 11-3 所示。

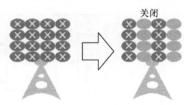

64T64R→32T32R→16T16R

图11–2　AAU通道关断示意

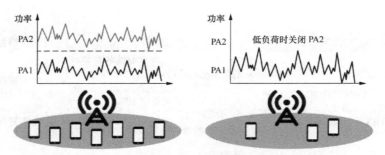

图11-3 RRU通道关断示意

11.2.2.3 载波关断

由于当前 5G 为 3.5GHz 单载波，所以载波关断考虑的是系统间的载波关断，即 4G/5G 间的协同，通过获取 4G 基站和 5G 基站负荷，根据 5G 历史负载的情况，设置关断策略（门限、时间）：若 5G 负载低于特定门限，则关断 5G 载波；若 LTE 负载高于特定门限，则打开 5G 载波。载波关断示意如图 11-4 所示。

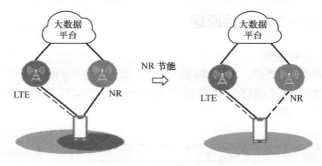

图11-4 载波关断示意

5G 的组网方式有以下两种载波关断特性：

（1）在 NSA 场景下，通过 EN-DC X2 接口实现低业务时段关闭 5G 载波；

（2）在 SA 场景下，通过网管平台实现低业务时段关闭 5G 载波。

11.2.2.4 深度休眠

网管远程设置定时，关闭全部射频电路 + 部分射频前数字电路，仅保留 eCPRI 接口用于唤醒小区。深度休眠示意如图 11-5 所示。

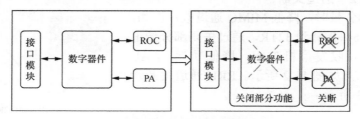

图11-5 深度休眠示意

11.2.3　节能特性应用方式

11.2.3.1　传统手动方式

传统手动方式主要通过简单的场景划分，利用单一时间点的覆盖及话务数据分场景设置节能特性启动及关闭门限，例如，PRB 利用率低于 10% 时开启通道关断等，此外也可以简单地通过网管设置某个时段启动休眠，例如，0:00 ～ 6:00 启动深度休眠特性。基于手动配置的 5G 节能流程如图 11-6 所示。

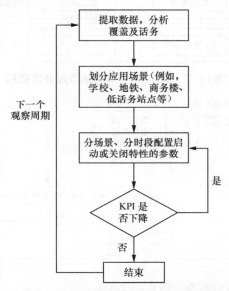

图11-6　基于手动配置的5G节能流程

11.2.3.2　AI 方式

随着 5G 网络及用户的持续发展，传统方式主要依赖于人工的手段已经无法满足需求。AI 技术在解决高计算量数据分析、跨领域特性挖掘、动态策略生成等方面具有天然的优势，将赋予 5G 时代的网络运营运维新的模式和能力。

基于 AI 的 5G 基站节能应用：通过收集历史时空的特性数据，分析无线资源利用率的变化规律，监控和评估覆盖小区的 KPI，利用人工智能技术充分考虑网络覆盖、用户分布、场景特征并根据历史和实时数据预测和评估无线资源利用率，给出具体的节能配置策略，保障网络性能的同时降低能耗。

基于 AI 的 5G 基站节能总体架构如图 11-7 所示。基于无线智能应用平台，通过对现网的配置、性能统计、MR 等基础数据，采用人工智能算法，在系统性能和节能效果间实现平衡，从而达到最优的网络节能降耗。基于 AI 的 5G 基站节能流程如图 11-8 所示。

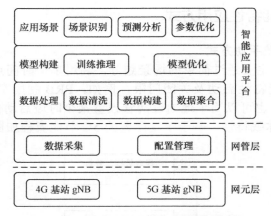

图11-7 基于AI的5G基站节能总体架构

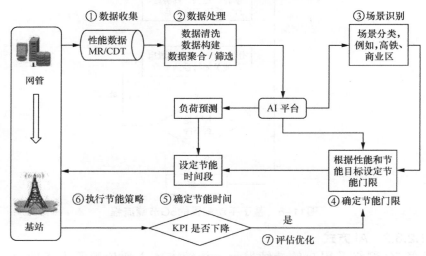

图11-8 基于AI的5G基站节能流程

11.2.3.3 方式对比

5G 节能特性应用需要根据实际网络建设及用户发展情况分阶段部署。两种节能方式对比见表 11-5。

表11-5 两种节能方式对比

方式		特点	优点	缺点
方式一	手动模式	手动选取站点、手动设置时段、门限打开或者关闭特性	商用初期在历史数据缺失下节能效果较好	随着网络用户及负荷的增加，该方式会增加网络性能下降的风险
方式二	AI模式	根据历史数据结合算法自动选取站点，在合适的时间，选取合适的门限打开或者关闭特性	省去人力资源监控及维护参数	在商用初期用户较少的情况下，无充足的数据作为参考，节能效果不佳

11.3　分布式宏站节能指引

11.3.1　分布式宏站设备结构

分布式 BBU+AAU 是目前 5G 室外宏站的主要设备形态，其中室外宏站分为 D-RAN 和 C-RAN 两种组网方式。分布式宏站设备结构如图 11-9 所示。

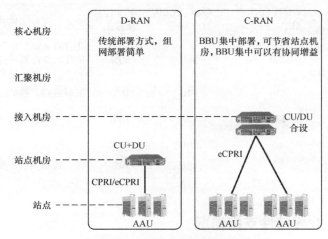

图11-9　分布式宏站设备结构

AAU 的结构组成如图 11-10 所示。

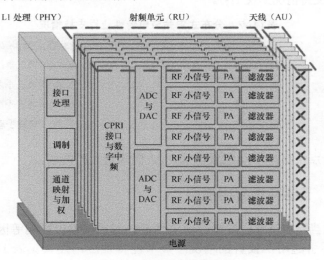

图11-10　AAU的结构组成

11.3.2　AAU 设备能耗结构

目前，已有的基站节能特性一般针对射频单元，实际 BBU 的节能空间不大，因此，本书的设备能耗结构分析均针对射频单元（包括有源室分的远端单元及宏站的 AAU）。

不考虑 BBU 部分，AAU 设备能耗一般由功放、收发信机、射频前端其余部分、数模转换和其他热耗 5 个部分组成，功耗占比 =50%∶19%∶16%∶5%∶10%。AAU 设备能耗结构见表 11-6。

表11-6　AAU设备的能耗结构

能耗结构	64T64R 200W 192 振子	32T32R 200W 192 振子	平均能耗占比	备注
功放	400	380	50%	目前的基站节能技术（算法）主要对该硬件部分进行栅压控制达到节能的目的
收发信机	150	120	19%	发射链路、接收链路以及本振等
射频前端其余部分（不含功放）	130	100	16%	滤波器、DPD 等
数模转换	40	30	5%	AD/DA
其他热耗	80	80	10%	电源模块、传输接口等
合计	800	710	100%	

11.3.3　业界特性支持情况

目前，业界普遍支持网管手动开启深度休眠方式，其余暂未支持。分布式宏站节电特性业界支持情况见表 11-7。

表11-7　分布式宏站节电特性业界支持情况

序号	特性	业界支持情况
1	符号关断	2020 年第三季度
2	通道关断	2020 年第三季度
3	载波关断	2020 年第三季度
4	深度休眠	目前已支持手动

上述时间点仅支持手动配置模式，AI 模式暂无时间表。

11.3.4　节能特性应用指引

综合考虑当前 5G 用户发展、节电性能、对网络 KPI 影响等因素，在确保覆盖和感知、不引起用户投诉的情况下，节能特性应用建议见表 11-8。综合应用以上特性，预估 5G 宏站可节能 15% ～ 20%。

表11-8　节能特性应用建议

序号	特性	节能效果	网络影响	开通建议
1	符号关断	可平均节电 5% ~ 10%（全天开启）	基本无影响	室外全时段开启
2	通道关断	可平均节电 5% ~ 10%（0:00 ~ 6:00 开启）	开启本特性时段，从 64TR 变 32TR/16TR 或从 4T 变 2T/1T，对深度覆盖有一定的影响	室外分场景在 4G 低话务时段开启
3	载波关断	分布式宏站可平均节电 10% ~ 15%（0:00 ~ 6:00 开启）	开启本特性时段，基站仅剩 4G 频点，5G 无覆盖	室外夜间时段谨慎开启
4	深度休眠	分布式宏站可平均节电 15%（0:00 ~ 6:00 开启）	开启本特性时段，该 AAU 设备不能提供业务，5G 无覆盖	室外夜间时段谨慎开启

11.4　有源室分节能指引

11.4.1　有源室分设备结构

有源室分系统是楼宇室内覆盖的主要手段，有源室分系统也被称为毫瓦级分布式小基站，一般由 BBU、集线器（RHUB/PB/IRU）和远端单元（pRRU/Dot）组成，BBU 与扩展单元通过光纤连接，扩展单元与远端单元通过电缆（例如，超六类网线或者光电复合缆）连接，远端单元可以通过有源以太网（Power Over Ethernet，POE）供电。有源分布系统设备结构如图 11-11 所示。

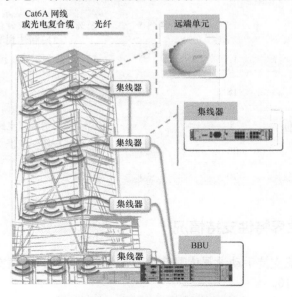

图11-11　有源分布系统设备结构

远端单元的内部结构如图 11-12 所示。

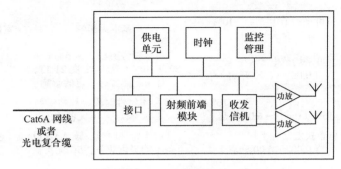

图 11-12　远端单元内部结构

11.4.2　有源室分能耗结构

不考虑 BBU 部分，有源室分远端单元能耗一般由功放、收发信机、射频前端其余部分、电源模块等其他热耗、集线器摊分等组成，功耗占比 =21%：17%：26%：7%：29%。有源室分能耗结构见表 11-9。

表 11-9　有源室分能耗结构

能耗结构	5G（2.1GHz+3.5GHz 双频）	5G（3.5GHz 单频）	平均能耗占比	备注
功放	15	10	21%	目前的基站节能技术（算法）主要对该硬件部分进行栅压 / 漏压控制达到节能的目的
收发信机	12	10	17%	发射链路、接收链路以及本振等
射频前端其余部分（滤波器、DPD 等，不含功放）	18	15	26%	滤波成形、AD/DA 等
电源模块等其他热耗	5	5	7%	网线接口电路部分及电源管理
集线器摊分（摊到 6 个 pRRU/Dot）	20	20	29%	按照集线器：远端单元 =1：6 分摊功耗
合计	70	60	100%	

11.4.3　业界特性支持情况

目前业界普遍支持手动设置休眠特性，其余暂不支持。有源室分节电特性业界支持情况见表 11-10。

上述时间点仅支持手动配置模式，AI 模式暂无时间表。

表 11-10 有源室分节电特性业界支持情况

序号	特性	业界支持情况
1	符号关断	2020 年第三季度
2	通道关断	2020 年第三季度
3	载波关断	2020 年第三季度
4	深度休眠	目前已支持手动

11.4.4 节能特性应用指引

综合考虑节电性能、对网络 KPI 影响等因素，在确保覆盖和感知、不引起用户投诉的情况下，节能特性应用建议见表 11-11。

表 11-11 节能特性应用建议

序号	特性	节能效果	网络影响	开通建议
1	符号关断	约 5% （全天开启）	基本无影响	全网全时段开启
2	通道关断	约 5% （0:00～6:00 开启）	开启本特性时段，从 4T 变 2T/1T，对用户上网速率有一定的影响	分场景、夜间低话务时段开启
3	载波关断	约 10% （0:00～6:00 开启）	开启本特性时段，基站仅有一个频点，容量下降，此外如果原先不同载波覆盖目标不同，相应区域覆盖会受影响	夜间低话务时段谨慎开启
4	深度休眠	约 15% （0:00～6:00 开启）	开启本特性时段，该 AAU 设备不能提供业务	分场景、夜间低话务时段谨慎开启

综合应用以上特性，预估有源室分系统可节能 10%～15%。

11.5 小结

考虑到当前 5G 基站节能特性应用仍为新技术，其软件特性处在起步开发中，相关大数据平台、特性参数及应用场景建议等有待进一步验证和实施。后续将逐步通过试点，持续细化完善节能指引，推动 5G 基站节能工作，提升网络发展的效益。

第 12 章

基于人工智能的 5G 无线网探索与实践

12.1 目标愿景

12.1.1 随愿网络

复杂多变的市场环境、日新月异的新业务需求以及数字化转型的驱动，仅靠人工的方式应对不仅耗时费力，从根本上也无法快速响应需求的变化，实现数字化转型的目标。

产业界期望开发一种系统性的方法，使用"业务意愿"作为网络和 IT 基础设施生命期管理的驱动因素，通过自动化、不间断的方式将业务需求及时转化为网络和 IT 基础设施的执行，实现二者的快速匹配，产生真正的商业价值。在这种大形势下，随愿网络应运而生。

按照中国电信集团发布的"中国电信人工智能发展白皮书"，随愿网络主要由随愿网络智慧大脑、随愿网络编排管控层、随愿网络智能基础设施以及 AI 终端 4 个部分组成。其中，随愿网络智慧大脑包括总体布局中的大数据湖、AI 赋能平台及在其基础上形成的各类 AI 能力，随愿网络编排管控层是在随愿网络智能基础设施的基础上实现智慧运营的关键通道枢纽。随愿网络的架构如图 12-1 所示。

随愿网络智慧大脑是随愿网络的智能核心，可实现集中式网络智能。随愿网络智慧大脑包括随愿网络 AI 引擎和随愿网络大数据引擎两大组件，可实现数据统一采集、统一存储和调用，提供通用的 AI 架构和组件，包括 AI 通用算法、AI 算法框架、自然语言处理以及机器视觉等典型 AI 能力和技术支撑服务，对全网全业务进行授权开放和 AI 赋能。

随愿网络编排管控层是随愿网络的智能通道枢纽，负责以数据采集、策略控制、配置命令、接口调用等方式，实现网络大数据和 AI 能力在随愿网络智慧大脑与随愿网络智能基础设施之间的双向传递，为随愿网络智慧大脑提供数据输入，执行随愿网络智慧大脑输出的智能策略，对网络与业务进行智能化的管理、编排和控制。

随愿网络智能基础设施是随愿网络的智能载体，可以实现分布式网络智能。随愿网络智能基础设施作为网络数据源，提供标准化的海量网络数据；作为分布式智能决策单元，随愿网络智能基础设施根据实时或准实时的网络上下文和用户感知信息，面向具体应用场景进行本地推演、制订智能化策略；作为智能策略执行单元，随愿网络智能基础设施自动执行智能策略，实现闭环自动化。

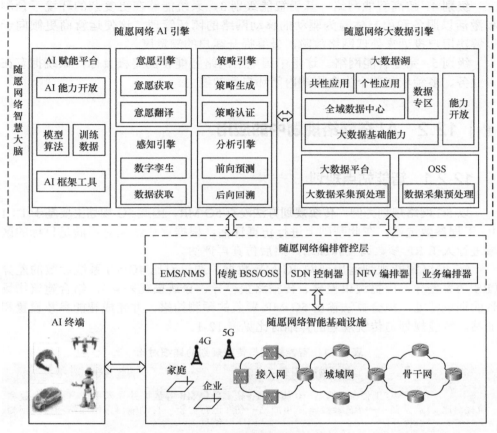

图12-1　随愿网络的架构

AI 终端包括 AI 手机、智能化无人机、智能可穿戴设备、智能网联汽车、机器人、智能工业控制设备等各种具备 AI 能力的终端，与网络云端、网络边缘智能配合，提供基于本地 AI 芯片的各类 AI 业务应用。

12.1.2　网络智能化等级

根据自动化参与程度，网络被划分为 6 个智能化等级。

级别 0：所有的动态任务必须完全由人工执行。

级别 1：为了提高效率，基于已经存在的规则，机器承担某一部分任务。

级别 2：部分智能网络。在某些外部环境下系统能自治承担某个单元的闭环操作维护，降低人工经验和能力的限制。

级别3：有条件的智能网络。基于智能级别2，系统能够实时地适应环境的变化，在某种领域，可以自我优化和调整以应对外部环境，实现基于意愿的闭环管理。

级别4：超高智能网络。基于智能级别3，系统能够在更复杂的环境下预测和激活以服务和用户体验为驱动的移动网络的闭环管理，这使运营商更倾向于以解决用户投诉来处理网络故障，最终提升客户的满意度。

级别5：完全智能网络。这是中国电信网络智能化的终极目标，系统拥有在多业务、多领域和整个生命周期内闭环自治的能力。

| 12.2 AI 在网络规划中的应用

12.2.1 智能站点规划

以 5G 网络规划为例，传统规划方法没有 5G MR，因此 5G 规划主要基于 1∶1 4G 工程参数选站，在此基础上进行仿真评估，根据评估结果对不满足目标的区域进行人工 RF 参数调整和加站，然后仿真再评估。

5G 网络智能规划运用现网 4G MR 数据，通过对比 4G/5G 系统参数的差异（RS 功率差异、广播波束差异、传播路损差异、穿透损耗差异），结合建筑物场景的训练特征，拟合算法输出 5G MR 覆盖的预测结果，并完成智能参数设置和加站。智能规划与传统规划的详细对比见表 12-1。

表12–1 智能规划与传统规划的详细对比

	传统规划	智能规划
流程对比	基于 4G 工程参数选站→仿真评估（覆盖预测）→ RF 参数调整和加站→仿真再评估	采集 MR 等数据并导入平台→设置参数和运行分析→自动输出选站加站和覆盖预测结果
资源对比	仿真软件、仿真服务器、传播模型、3D 电子地图	智能平台服务器、3D 电子地图
效率对比	一人一个项目，选站、仿真、加站等每步操作都需要人工介入	导入数据后，所有覆盖分析、加站、报告自动处理，一人可以管理多个工程，效率至少提升 100%
准确率对比	仿真评估依赖于地图、传播模型和工程参数的准确度	重点依赖于真实的 MR 数据源，相对仿真，覆盖预测准确度更高

智能站点规划案例：

广东省某小区（智能加站前的区域 4G 网络结构见表 12-2）试点应用智能规划系统，采集区域内 7 天的 4G MR 数据，预测出该住宅区域与 4G 1∶1 建设后的 5G MR 覆盖结果并根据 MR 发现的覆盖弱区情况，输出相应的加站结果，智能加站前后 5G 室外（内）RSRP 覆盖率对比见表 12-3 和 12-4，智能加站结果见表 12-5。

表12-2 智能加站前的区域4G网络结构

区域	面积（km²）	站点数	平均站间距（m）	平均站高（m）	楼宇数量	楼宇平均高度（m）
某小区	0.78	8	336	40.5	554	45

表12-3 智能加站前后5G室外RSRP覆盖率对比

室外 RSRP（dBm）	加站前		加站后	
	栅格数	覆盖率（%）	栅格数	覆盖率（%）
RSRP ≥ −70	30	1.5	32	1.6
RSRP ≥ −80	120	6.1	134	6.8
RSRP ≥ −90	786	40.2	987	50.4
RSRP ≥ −100	1660	84.9	1755	89.7
RSRP ≥ −110	1916	98.0	1928	98.5
RSRP ≥ −115	1943	99.4	1947	99.5
RSRP ≥ −140	1955	100.0	1955	99.9
平均 RSRP（dBm）	−91.5		−88.1	

表12-4 智能加站前后5G室内RSRP覆盖率对比

室内 RSRP（dBm）	加站前		加站后	
	栅格数	覆盖率（%）	栅格数	覆盖率（%）
RSRP ≥ −70	0	0	0	0
RSRP ≥ −80	1	0.1	5	0.7
RSRP ≥ −90	9	1.3	18	2.6
RSRP ≥ −100	106	15.3	140	20.2
RSRP ≥ −110	500	72.2	603	87.1
RSRP ≥ −115	614	88.7	669	96.6
RSRP ≥ −140	692	100.0	692	99.9
平均 RSRP（dBm）	−103.1		−101.5	

表12-5 智能加站结果

	宏站	微站	室分	总计
利旧建设	13	0	26	39
新址建设	2	7	6	15
总计	15	7	32	54

12.2.2　网络性能监控

移动网络已经进入了精确地规划站点和资源的阶段：一方面，识别和预测高流量区域，精确分配资源以支持业务目标；另一方面，识别和预测高频临时流量，调度资源以满足业务目标。规划阶段网络性能监控流程如图 12-2 所示。

根据自动化程度，智能化网络性能监控有以下 3 个等级。

级别 1：监控结果和网络质量一致，并且可以通过工具发现网络异常。

级别 2：可以使用 3D 呈现网络质量和异常，并且自动生成网络规划。

级别 3：端到端闭环监控和规划，根据历史网络预测网络发展，发现价值领域和隐患，提出最佳的网络规划建议并自动估算收益。

目前，网络级 KPI 监视和分析已经成为主要的解决方案。高精度分析中存在许多手动和低精度问题，监视和规划的每个阶段都有很多工具，但是没有实现端到端（End to End，E2E）闭环。行业中的自动化级别仍然处在级别 1 到级别 2。

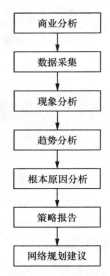

图12-2　规划阶段网络性能监控流程

12.2.3　自适应 MIMO 权值规划

5G 网络拓扑结构复杂、业务多样、用户体验个性化，特别是大规模天线阵列配置组合模式复杂，需要 5G 网络参数配置灵活多变。这对运营商的网络规划、优化以及日常的运行维护提出了极高的要求。

5G Massive MIMO 基站天线调整，波束赋形需要在初始预制电下倾角的情况下调整水平波宽、垂直波宽，面临上万种组合，传统以人工为主的网络参数配置方式已经完全不能适应 5G 网络参数配置和网络运维的需求。

自适应 MIMO 权值规划通过引入 AI 技术，自动识别 Massive MIMO 站点场景（例如，居民楼、体育馆、CBD、车站等），并且能够预测这些场景的话务量、用户分布和业务等，获取当前的最优参数值配置（例如，通过天线权值调整方向、倾角等）。通过精准匹配参数与场景，提升不同场景的网络服务质量和用户感知，提升网络价值。AI 自适应 MIMO 权值规划流程如图 12-3 所示。

AI 自适应 MIMO 天线权值优化案例如下所述。

针对 5G 与 AI 的结合，广东省正在试验 AI 自适应 MIMO 权值规划。在广州市选取连片环境及高层住宅环境进行试验，通过 AI 技术进行优化，效果明显提升。

AI 自适应 MIMO 天线权值优化前后覆盖对比见表 12-6。对于单波束场景，RSRP 提升 5.12dBm，SINR 提升 0.29dB（RSRP 增益远大于 SINR 增益，是优于当前算法仅以 RSRP 为迭代对象）；对于多波束场景，RSRP 提升 4.73dBm，SINR

提升 3.26dB。

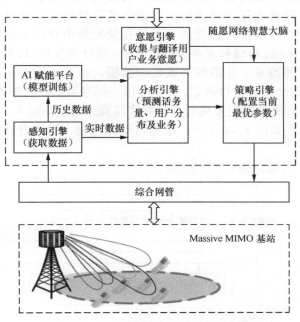

图12-3 AI自适应MIMO权值规划流程

表12-6 AI自适应MIMO天线权值优化前后覆盖对比

波束类型	类型	平均 SSB RSRP（dBm）	平均 SSB SINR（dB）
单波束	优化前	-94.76	6.65
	优化后	-89.64	6.94
多波束	优化前	-90.11	4.38
	优化后	-85.38	7.64

12.3 AI 在网络建设中的应用

传统的无线网络基站部署在以下方面存在挑战。首先，存在大量参数配置（通常参数数量上千），例如，基础传输、设备和无线等配置。在站点的设计规划阶段，需要全部详细了解并掌握基站设计参数和变更的情况，才能完成正确的配置。此外，站点规划和站点安装的不一致以及手动拨号测试，则会导致站点访问时间过长以及频繁的站点访问问题。目前，站点部署方案大都介于使用工具辅助管理和部分自治网络之间。一些领先的平台可以实现有条件的自动部署。可以预见，站点部署过程的端到端全面自动化，将有望在不久的将来实现。

AI 技术的发展和引入，对于实现端到端全面的自动化部署会带来革命性的变化。以在存量网络中部署新的基站为例，如果引入大数据分析和深度学习算法，未来可以实现真正的极简参数规划，大幅度减少部署策略开发，极大提升部署的准确性，最终实现可以"智能跟随"的存量网络。场景分类存量网络中的很多参数实际是固定的，运营商目前的存量网络中存在大量的数据，其日常可以基于现网（无线、传输和硬件）特征数据，通过深度学习，针对不同场景（例如，吸热、补盲等场景）生成部署策略和模板。由此，针对相同场景的新增基站，不需要针对每个站再进行规划，而是可以根据存量站点的参数进行匹配配置，自动生成新增站点的参数配置规划。最终实现真正的极简输入、极简参数规划。

站点部署流程如图 12-4 所示。根据自动化程度，站点自动化部署分为以下3 个智能等级。

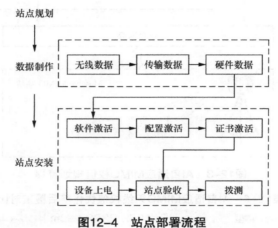

图12-4　站点部署流程

级别 1：用 O&M 维护工具协助实现站点部署中的部分过程，但是参数配置和站点验证还是需要人工执行的。

级别 2：部分硬件可以被侦测和自动配置，得以简化基于规则配置的数据。

级别 3：端到端自动化，实现无线参数自规划、硬件自侦测和自配置，无须拨测自验证。

站点自动化部署对于 5G 时代快速建站部署具有重要的意义，这能够大幅度提升开通效率，简化参数配置。例如，韩国某运营商在使用站点自动化部署后，将开站时间从每站点 2 小时降至半小时左右；中国某运营商使用站点自动化部署后，5G 新建站点效率提升 2 倍以上，3D MIMO 新建站点效率提升 3 倍以上。

12.4　AI 在网络优化中的应用

12.4.1　网络性能提升

无线网络动态复杂，业务多样化，终端性能多样化，用户移动性强。如果网络没有达到 KPI 基线要求或者用户体验较差，必须进行优化调整以满足需求。这个过程被称为网络性能优化或者提升。

完整的网络性能优化提升流程包括以下几个阶段：

（1）网络监控和评估；

（2）性能问题根本原因分析；

（3）优化分析和决策制订；

（4）优化方案实施；

（5）后评估验证。

在网络监控和评估阶段，大量数据有待自动采集，包括网络测量报告 MR、路测数据、性能数据、配置数据、故障数据、工程参数、终端数据等；在性能问题的根本原因分析阶段，对采集到的评估数据进行分析，生成问题的根本原因报告；在优化分析和决策制订阶段，基于根本原因分析报告，网络优化工程师针对智能化系统提出调整建议；在优化方案实施阶段，网络调整参数在一些场景下可以自动下发执行，但是，天线系统还是不能完整地远程调整，提高天线参数远程调整能力对未来实现完全自动化来说非常重要；后评估验证阶段主要包括数据的采集和网络的评估。网络性能优化提升流程如图 12-5 所示。

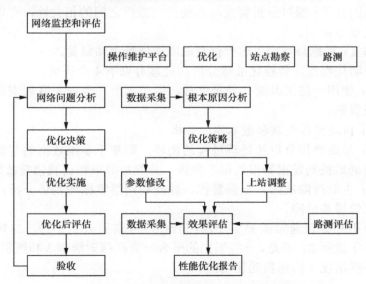

图12-5　网络性能优化提升流程

根据自动化程度，智能化网络性能提升有以下 3 个等级。

级别 1：路测评估不是覆盖优化中的必须项，系统可以自动输出调整建议。

级别 2：闭环的网络性能提升，系统自动识别网络覆盖和质量问题，对性能参数实现自动配置，对参数实施后的网络性能实现自动评估。

级别 3：可以实现基于场景化感知和预测的动态调整，以达到提升网络性能。

具有网络的预测能力，可以获取场景的变化趋势，实时调整网络的配置以获得最优的网络性能。

在网络性能提升领域，智能自动化能力的表现得到提升，它通过使用 AI 技术逐步完善。总体来说，自动化程度目前是在级别 2 和级别 3。例如，基本的网络性能优化，邻区、PCI 和移动性负荷均衡（Mobility Load Balancing，MLB）优化已经实现自动化。但是，RF 优化取决于工程参数、天线位置和天线性能，这些因素限制了 RF 优化的自动化。近年来，AI 在网络性能中的应用已经取得一些进展，使用响应流量话务变化的自适应配置，优化用户体验，自动化程度已超过级别 2。

12.4.2　故障分析和处理

安全性和可靠性是网络的重要任务，快速警报检测和快速故障修复是非常重要的。故障分析和处理流程主要包括警报监视、根本原因分析和故障修复 3 个步骤。

警报监视：实时监视网络警报、性能、配置、用户体验和其他信息。

根本原因分析：通过分析警报与其他维度数据之间的相关性，可以快速找到发生故障的根本原因。

故障修复：根据修复建议远程修复故障或现场上站修复。

根据自动化程度，智能化故障分析和处理有以下 4 个等级。

级别 1：使用一些工具简化警报处理，但是阈值和警报关联规则是根据专家经验手动设置的。

级别 2：自动警报关联和根本原因分析。

级别 3：形成警报分析和处理过程的闭环，即基于多维数据的智能相关性分析，可以精确地找到发出警报的根本原因，分配故障单和自我修复故障。

级别 4：主动排除故障，根据警报、性能和网络数据的趋势分析，可以预先预测和纠正警报和故障。

故障分析和处理通常需要多个部门合作，并需要人工干预，总体自动化水平目前仍低于级别 2。但是，一些领先的平台一直在探索级别 3 和级别 4 的功能，并逐渐在不同情况下构建自动化功能。

12.4.3　智能切片优化

网络切片是 5G 的重要特性，为了更好地提供对不同种类 5G 应用场景的架构适配、功能支持和业务隔离，需要引入 AI 技术实现 5G 切片的智能化管理和运营。

根据业务需求，智能化地选择所需的 5G 网络功能及规格，建立虚拟网络功能之间的接口，进一步基于全网业务负载链路状态等网络信息选择自动化部署合适物理位置的网络基础设施，从而实现全网资源在多业务叠加情况下的优化配置。

根据用户行为模式、业务流量模型、网络条件变化的预测，实时或准实时地调整网络资源的分配，实现网络切片的智能化弹性扩缩容，提升网络资源的利用率，实现节能。

实现业务需求到接入网、核心网、传输承载网资源的智能化翻译和映射，并实现自动化端到端网络切片部署、管理及业务开通。

第 13 章

5G 特色行业应用探索与实践

13.1 总体情况

按照马斯洛需求模型，行业客户对数字化的需求有 3 个层次：第一层是提供连接和计算存储能力；第二层是提供数字化解决方案，例如，平台＋连接；第三层是提供整体商业数字化解决方案，提供内容和应用＋平台＋网络融合的整体解决方案。运营商要转型成功，必须满足第二层、第三层的需求。

各国政府、企业和民众普遍对 5G 充满期望，认为 5G 能实现产业及社会的飞跃。根据 2018 年 Telecom TV 的调研情况，垂直行业较看重的 5G 优势是因为 5G 能有效地减少网络时延，具有无线高速大带宽的能力。

中国电信积极开展 5G＋云创新业务、5G＋行业应用和 5G＋工业互联网 3 个方面的 5G 示范应用，涉及智慧警务、智慧交通、智慧生态、智慧党建、媒体直播、智慧医疗等十大行业。5G 十大行业应用见表 13-1。

表13-1 5G十大行业应用

行业应用	典型场景业务需求
智慧警务	通过融合 5G 网络、智能设备、AI、云计算、三维大数据可视化等技术，实现无人机高空巡逻、摩托车沿路巡逻和云联动指挥等场景应用
智慧交通	通过高清视频回传等实现 4K 视频远程互动、远程移动空中交通指挥
智慧生态	通过无人船、无人机、高清视频等实现立体化监控、智能化分析和全联动治理，以提升治理水平
智慧党建	通过 VR、高清视频等，使党建课堂丰富、有趣，提升教学效果
智慧医疗	通过高清视频实现远程手术直播示教、指导和远程辅助医疗手术规划，提升互动性和现场体验感；在远程急救项目中，可提升急救机动性和急救能力
车联网	通过高清视频实时回传，让无人驾驶更可靠；通过 5G 高精度定位服务，有助于建立人与人、车与车、车与路测设施、车与网络的智能通信系统
媒体直播	通过高清视频、360° VR 直播等实现娱乐媒体的采访、直播等业务
智慧教育	利用 VR、高清视频等支持远程课堂、教学分析、VR 教学互动等教育业务体验
智慧旅游	通过无人机、高清视频、VR 等实现智慧旅游沉浸式景区体验，并协助景区加强巡检
智能制造	通过高清视频回传，协助远程专家开展指导；通过高清视频监控完成产品质量检测；通过远程机器人控制，达到人—机协同满足工业控制场景的业务需求

随着标准逐步完善、行业的需求和应用的普及，5G 对垂直行业的发展将逐步成熟。我们可以看到，在基于 eMBB 的移动监控、高清视频和云 VR 游戏中，5G 已被广泛应用。另外，智能制造、智慧交通、智慧医疗等行业也已经开启不同程度的 5G 应用探索与实践。5G 未来支持行业应用发展情况如图 13-1 所示。

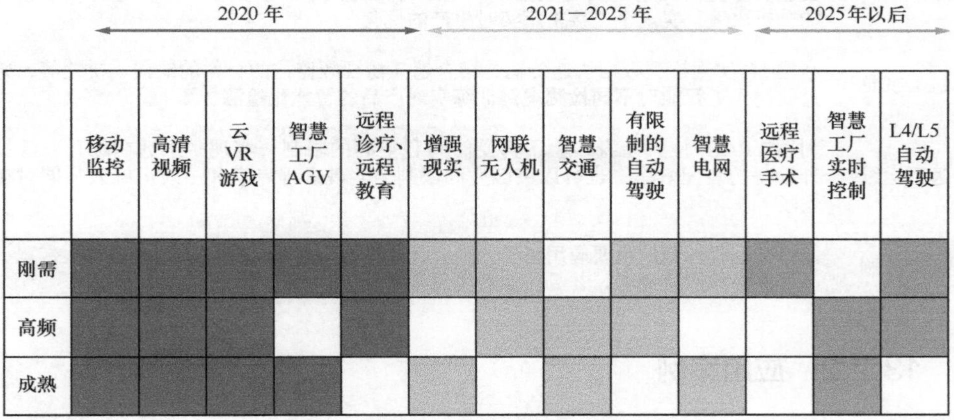

2020 年					2021—2025 年					2025年以后		
移动监控	高清视频	云VR游戏	智慧工厂AGV	远程诊疗/远程教育	增强现实	网联无人机	智慧交通	有限制的自动驾驶	智慧电网	远程医疗手术	智慧工厂实时控制	L4/L5自动驾驶

（刚需、高频、成熟 三行分类图示）

图13-1　5G未来支持行业应用发展情况

13.2　5G＋智能制造

13.2.1　5G 应用价值探索

智能制造是一种由智能机器和人类专家共同组成的人—机一体化智能系统，它在制造过程中能进行智能活动，例如，分析、推理、判断、构思、决策等。把制造自动化的概念更新扩展到柔性化、智能化和高度集中化。

作为新一代移动通信技术，5G 具有的大流量、广连接以及低时延的特性，正好契合了传统制造企业在工业互联网转型中对无线网络的应用需求，5G 高带宽、低时延技术不仅可以赋能传统应用场景，而且还能满足工业环境下的设备互联和远程交互应用的需求，这种广域网覆盖的特点为企业构建统一的无线网络提供了可能。随着标准不断制定，5G 的具体应用领域会越来越丰富，5G 已经成为工业互联网转型的关键技术。

国内的 5G 制造工厂取得了一定的应用示范成果，涉及的业务种类主要包括工业控制类业务（例如，系统自动控制和远程控制等）、质量监测类业务和环境监测类业务（例如，物联网、大数据业务等）。典型的 5G＋智能制造的应用场景有智慧工厂、机器视觉、远程运维、远程控制等。5G＋智能制造的典型应用场景见表 13-2。

表13-2 5G+智能制造的典型应用场景

应用场景	应用具体描述
智慧工厂	利用 5G 技术，在工厂内可以实现全生产要素、全流程互联互通，实现工厂全生产要素、全生命周期的实时数据跟踪，并将实时产生的数据在云平台进行大数据智能分析决策，实现全连接工厂实时生产的优化
机器视觉	利用 5G 实现检测数据快速传输，结合超高清视频监控的材料的缺损、拼缝等，通过使用人工智能对不同检测案例训练实现产品的智能化检测
远程运维	利用 VR/AR 使人亲身体验不再受时间和空间的限制，实现"永远在场"，既提升设备的装配效率，也可以突破空间限制，实现远程专家和一线运维人员同时在现场
远程控制	港口是远程控制的主要应用场景之一，其操作业务对通信连接有低时延、大带宽、高可靠性的严苛要求，并且作业环境复杂多变

13.2.2 应用案例

某企业是制造型企业，运营商、企业集团、设备厂商签署了 5G 三方合作协议，并建立 5G 智能制造联合创新中心，共同设计开发基于 5G 的应用场景解决方案，在满足工业网络性能要求的同时，保障生产线设备的互联互通，积极探索 5G 在智能工业化领域的多场景应用。

试点应用场景主要为工业相机（视频质检）、工业实时控制（改造酷卡机器人，加装 5G 通信模块，实现人与机器的交互，远程操作机械臂），某企业 5G+ 智能制造示范区应用场景具体见表 13-3。

表13-3 某企业5G+智能制造示范区应用场景

场景	场景说明
场景 1	4K 视频及信息监控：厂区内实现 4K 视频监控及生产线信息看板 5G 互联
场景 2	在装配过程中实现 AR 辅助指导，预警和记录不规范操作
场景 3	改造酷卡机器人，加装 5G 通信模块，实现人与机器的交互，远程操作机械臂

5G 试点应用中的优势分析：5G 的设备容量是 4G 的 1000 倍，能达到每平方千米支持 100 万台连接设备，不用担心车间设备数量较多导致连接异常问题；在抗干扰性方面，5G 由专用频段传输信号，不受其他频段的 Wi-Fi 或热点的信号干扰；在安全性方面，为用户量身打造的 5G 企业专线，使数据对外不可见，后续的 MEC 可以保障生产数据不出园区，彻底解决用户的安全顾虑。

利用 5G 网络切片特性，运营商为该企业创建 uRLLC、mMTC 与 eMBB 3 张不同的网络切片。按需定制企业工业互联的网络功能，通过自动化部署和自动化运维，节省企业的运维成本，实现与"专网"同等级的安全和隔离性，与企业自建的光纤专网相比，大幅降低建设成本。利用 5G 边缘计算实现流量本地卸载和本地计算，节省带宽，满足智能制造工控类业务可靠、超低时延的需求。

在产业园区引入 5G 网络，改变了传统企业的生产运营方式，推动产业升级和数字化转型。5G 网络提供的可定制、安全隔离的网络切片服务，结合边缘计算的部署方式，可灵活支撑多样的行业应用场景。

13.2.3 面临的挑战

传统移动通信业务以运营商为主，很多行业的企业还未参与其中。5G 在工业互联网应用中面临需求难匹配、行业有壁垒、回报不确定等问题，且目前创新和研究大多都局限于通信行业内，与工业互联网行业的供需对接存在问题，需要尽快建立跨行业沟通平台和创新的体制机制。

在推广 5G 智能制造之前，网络切片技术、边缘计算技术、融合网络架构、工业网络安全体系、工业网络监测体系、工业网络标准化等一系列关键技术问题有待研究。

在终端侧，目前虽然已经出现针对 3GPP 标准化的 5G 网络设备，但是在工业互联网行业中仍缺乏 5G 终端设备，工业 5G 通信模组的研发有待加强，模组与工业硬件产品的整合有待研究。在应用端，缺乏工业应用的端到端解决方案，工业自主开发使用的平台与运营商提供的开放性平台有待进一步对接。

13.3 5G + 智慧交通

13.3.1 5G 应用价值探索

智慧交通是在交通领域中充分运用物联网、云计算、人工智能、自动控制、移动互联网等现代电子信息技术，面向交通运输的服务系统。智慧交通的目标主要是提高交通设置的运行效率，并为交通参与者提供交通信息服务。

未来智慧交通需要高速移动的交通工具之间、交通工具与基础设施间进行实时、可靠的数据交互和流数据计算，5G 网络配合边缘计算可以满足这些需求。自动驾驶阶段，车辆和网络间的频繁通信会产生大量的数据交互，例如，车载摄像头、雷达等传感器产生的数据，GPS、发动机、整车及故障等车辆信息的上传；高精度地图、影音娱乐等数据的下载等。相对于目前的车联网通信技术，5G 系统的关键能力指标都有了极大的提升。5G 网络传输时延可达到毫秒级，满足车联网的严苛要求，保证车辆在高速行驶中的安全；5G 峰值速率可达到 10Gbit/s ～ 20Gbit/s，连接数密度 100 万 /km² 可满足未来车联网环境的车辆与人、交通基础设施间的通信需求。

5G ＋智慧交通的应用以车联网居多，具体可分为信息服务、车路智能、远程交通控制监管 3 类，这些应用可进行组合，集成赋能智慧交通场景，助力交通领域智能化发展。5G ＋智慧交通应用场景具体见表 13-4。

表13-4　5G+智慧交通应用场景

类别	具体应用
信息服务类	• 在线高清影音 • 音视频通信 • AR 导航
车路智能类	• 小范围车路智能：动态高精度地图、碰撞预警、交叉路口通信辅助、危险驾驶提醒、车辆违章预警、车路感知共享 • 大区域车路协同：全域车辆路径优化、全域道路流量优化
远程交通控制、监管类	• 交通安全、效率提升：多车编队行驶、车辆远程驾驶、车辆状态实时监控、交通现场视频回传

13.3.2　应用案例

某巴士作为传统的基础设施公交车，通过 5G 赋能，实现云在线检测司机安全驾驶行为，发展车载超高清多媒体和宽带上网新业务，是 5G 运营商从基础设施提供者向产业赋能者跃迁的一种尝试。

该巴士运营调度中心应用人脸识别、行为分析等多项技术，实时记录、分析、预警驾驶全过程，并形成模型进行安全监督、应急响应。实现以下 3 个方面的功能：

（1）实时视频监控和公交管理综合分析异常事件、发车间隔；

（2）为公交车提供路线导航和轨迹追踪服务；

（3）利用 AR 和 5G 实现远程设施管理和远程模拟。

某巴士 5G 部署示意如图 13-2 所示。

图13-2　某巴士5G部署示意

13.3.3　面临的挑战

5G 的低时延标准尚不成熟，前期主要支持大带宽应用，在智慧交通领域主要用于车和路数据的回传、车载应用数据的下载等，以信息服务、远程交通监管为主。需要待 5G 低时延标准成熟后，与大带宽一起赋能远程交通控制、车路智能协同等应用。

车联网领域的发展，还需要加快共性基础、关键技术、产业亟须标准的研究制定，加紧研制自动驾驶及辅助驾驶等相关关键技术标准，逐步建设跨行业、跨领域、适应我国技术和产业发展需要的国家车联网产业标准体系，满足研发、测试、示范、运行等产业发展的需求。

13.4　5G＋智慧医疗

13.4.1　5G 应用价值探索

随着 5G 技术的完善，依托于物联网、大数据、人工智能、云计算、VR/AR 等技术的发展，更先进的医疗方式应运而生。智慧医疗为医疗行业带来数字化的变革，覆盖医院内和医院外多场景，功能涵盖诊断指导、远程操控、采集检测、医院管理等方面，使传统医疗行业加速现代化，实现数字化转型。

医疗设备及应用对移动性、网络传输速率、安全性、稳定性，都有较高的要求。传统的 4G 网络无法满足医院对于大带宽、低时延的要求；而传统的通信方式又存在着易干扰、切换和覆盖能力不足的问题。

5G 的大带宽、低时延、大连接的特性，能够支撑更全面的医疗行业应用发展，满足日益增长的医疗需求。

大带宽特性支持医疗影像、音视频等大数据量的高速传输。传统 4G 网络仅能支持 1080P 的远程会诊，5G 的到来可以支持 4K/8K 高清视频的传输，以及 VR 视频的传输，为医生提供更清晰的视频数据，更好地支撑远程医疗运用。同时，医疗影像的数据量庞大，使用传统 4G 网络对数据进行调取的效率较低，特别是对于远程急救等应用场景，5G 的到来可为患者争取宝贵的时间。

低时延特性支持远程操控等对时延要求高的业务。5G 网络可提供超低时延、超高可靠性的网络环境，打破了传统 4G 网络的时延限制，为医疗远程操控类应用提供更优质的网络通信保障。

大连接特性支持医疗监测与护理类应用。5G 网络可支持大量的传感器、监测设备的连接，便于发展无线传输、远程监控等采集监测应用。同时，可对患者及医疗设备进行定位，以便更好地为患者提供服务和保管贵重的医疗设备。

13.4.2 应用案例

5G 智慧医疗已经进入实际建设阶段，医疗行业与医疗单位在进行 5G 基础设施建设的同时，还在尝试 5G 与具体医疗业务场景的融合探索。

智慧医疗领域的一般性 5G 建设方案包括开通若干 5G 基站以备前期业务测试、基于 5G 技术的原有远程医疗业务改造、基于 5G 的各实体医疗机构网络互联和信息共享，重点解决原有无线局域网的覆盖能力弱、信息安全不足、信息传送时断时续等问题。

另外，5G 远程会诊＋AI 辅助诊疗、5G 实时影像上传＋远程诊断评估等多种 5G 融合医疗业务场景也将持续涌现。

2019 年 4 月，广东省某医院、某运营商、某设备商签署了关于共建未来 5G 医院的互联网＋智慧医疗服务体系的合作协议。该医院完成全省首次端到端双向 5G+4K 远程手术直播，让远在 200 千米外的基层医生看到了恍若身临其境、细节纤毫毕现的示教大片。医生在镜头前完成一台治疗胸廓畸形的手术，现场的每一个细节都通过 5G 信号和一套装有 4K 摄像头的手术直播系统传输到 200 千米以外的某基层医院。此次视频服务器部署在云端，手术示教系统通过客户前置设备（Customer Premise Equipment，CPE）接入 5G 网络，在屏幕上呈现了多路 4K 高清视频画面。4K 高清视频实现了手术室与会议中心的音视频交互，进行了全程近乎无死角的现场直播。

13.4.3 面临的挑战

5G 医疗总体规划不够完善，跨部门协调问题突出，产业的整体协调效益必须提高。由于 5G 技术和医疗领域的结合涉及跨行业应用，亟须在国家的统筹指导下，汇聚政府部门、研究机构、高校、重点企业、行业组织等多方力量共同参与，建立资源共享、协同推进的工作格局，形成长期有效的跨部门合作机制。

目前，5G 医疗应用仍处于初始探索阶段，技术验证、可行性研究不足，同时缺乏统一的标准与评价体系。目前尚无具体标准规范定义 5G 医疗的网络指标要求，亟须结合医疗健康行业的应用特点，开展面向医疗行业的 5G 标准体系的制定、实施和应用，规范医疗行业的 5G 技术结构和内容，满足医疗行业发展的需要。

缩略词表

缩写	英文全称	中文
3GPP	3rd Generation Partnership	第三代合作伙伴计划
5GC	5G Core Network	5G 核心网
AAU	Active Antenna Unit	有源天线单元
AFP	Automatic Frequency Planning	自动频率规划
AI	Artificial Intelligence	人工智能
AMR-NB	Adaptive Multi-Rate Narrow Band	自适应多速率窄带
AMR-WB	Adaptive Multi-Rate Wide Band	自适应多速率宽带
AR	Augmented Reality	增强现实
BBU	Base Band Unit	基带处理单元
BTS	Base Transceiver Station	基站收发信站点
CA	Carrier Aggregation	载波聚合
CDF	Cumulative Distribution Function	累积分布函数
CORESET	Control Resource Set	控制资源集
CPE	Customer Premise Equipment	用户前置设备
CPRI	Common Public Radio Interface	通用公共无线电接口
CQT	Call Quality Test	呼叫质量拨打测试
C-RAN	Centralized Radio Access Network	集中式无线接入网
CRS	Cell Reference Signal	小区参考信号
CSFB	Circuit Switched Fallback	电路域回落
CSI	Channel State Information	信道状态信息
CSI-RS	Channel State Information-Reference Signal	信道状态信息参考信号
CSI-RSRP	Channel State Information-Reference Signal Receiving Power	CSI 信号接收功率
CSI-SINR	Channel State Information-Signal to Interference plus Noise Ratio	CSI 信干噪比
CU	Centralized Unit	集中单元
CW	Continous Wave	连续波
DAS	Distributed Antenna System	分布式天线系统
DBSCAN	Density-Based Spatial Clustering of Applications with Noise	具有噪声的基于密度的聚类算法

（续表）

缩写	英文全称	中文
DFT-S-OFDM	Discrete Fourier Transform-Spread OFDM	离散傅里叶变换扩展正交频分复用
DMRS	Demodulation Reference Signal	解调参考信号
DPT	Digital Pre-Distortion	数字预失真
D-RAN	Distributed Radio Access Network	分布式无线接入网
DSS	Dynamic Spectrum Sharing	动态频谱共享
DT	Drive Test	路测
DU	Distributed Unit	分布单元
eMBB	enhanced Mobile Broad Band	增强移动宽带
eMTC	enhanced Machine Type Communications	增强型机器类型通信
EPC	Evolved Packet Core	演进的分组核心网
EVS	Enhance Voice Services	增强语音服务
FBMC	Filter Bank Multi-Carrier	滤波器组多载波
FDD	Frequency Division Duplexing	频分双工
F-OFDM	Filtered-Orthogonal Frequency Division Multiplexing	滤波正交频分复用
FWA	Fixed Wireless Access	固定无线接入
GE	Gigabit Ethernet	千兆以太网
GSMA	Global System for Mobile Communications Association	全球移动通信系统协会
HARQ	Hybrid Automatic Repeat Quest	混合自动重传请求
IQI	Interaction Quality Index	交互质量
ITU	International Telecommunication Union	国际电信联盟
LDPC	Low Density Parity Check Code	低密度奇偶校验码
LNA	Low Noise Amplifier	低噪声放大器
LNB	Low Noise Block	低噪声变频器
MCC	Mobile Country Code	国家码
MCG	Master Cell Group	主小区组
MDT	Mini-mization of Drive Test	最小化路测
MEC	Multi-Access Edge Computing	多接入边缘计算
MIMO	Multiple-Input Multiple-Output	多输入多输出
mMTC	massive Machine Type Communications	大规模机器类型通信

（续表）

缩写	英文全称	中文
MNC	Mobile Network Code	网络码
MPA	Message Passing Algorithm	消息传递算法
MQI	Media Quality Index	媒体质量
MR	Measurement Report	测量报告
MUSA	Multi-User Shared Access	多用户共享接入
NB-IoT	Narrow Band Internet of Things	窄带物联网
NCGI	NR Cell Global Identifier	NR 小区全球标识
NCI	NR Cell Identifier	NR 小区标识
NFV	Network Function Virtualization	网络功能虚拟化
NGMN	Next Generation Mobile Network	下一代移动通信网
NR	New Radio	新空口
NSA	Non-Standalone	非独立组网
OFDM	Orthogonal Frequency Division Multiplexing	正交频分复用
OFDMA	Orthogonal Frequency Division Multiple Access	正交频分多址
OPEX	Operating Expense	运营成本
OTN	Optical Transport Network	光传送网
PCFICH	Physical Control Format Indicator Channel	物理控制格式指示信道
PDCCH	Physical Downlink Control Channel	物理下行链路控制信道
PDCP	Packet Data Convergence Protocol	分组数据汇聚协议
PDMA	Patter Division Multiple Access	图样分割多址接入
PDSCH	Physical Downlink Shared Channel	物理下行链路共享信道
PHICH	Physical Hybrid ARQ Indicator Channel	物理混合自动重传指示信道
PLC	Programer Logic Controller	可编程逻辑控制器
PLMN	Public Land Mobile Network	公共陆地移动网
PMI	Precoding Matrix Indicator	预编码矩阵指示
POE	Power Over Ethernet	有源以太网
PQI	Presentation Quality Index	展示质量
PRACH	Physical Random Access Channel	物理随机接入信道
PRB	Physical RB	物理资源块
PUCCH	Physical Uplink Control Channel	物理上行链路控制信道

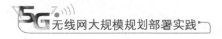
（续表）

缩写	英文全称	中文
PUSCH	Physical Uplink Shared Channel	物理上行共享信道
QAM	Quadrature Amplitude Modulation	正交振幅调制
QPSK	Quadrature Phase Shift Keying	正交相移键控
RAN	Radio Access Network	无线接入网
RMSI	Remaining Minimum System Information	剩余的最小值的系统信息
RRM	Radio Resource Management	无线资源管理
RRU	Radio Remote Unit	射频拉远单元
RB	Resource Block	资源块
RSRP	Reference Signal Receiving Power	参考信号接收功率
RSRQ	Reference Signal Receiving Quality	参考信号接收质量
RTU	Remote Terminal Unit	远程终端设备
SA	Standalone	独立组网
SCG	Secondary Cell Group	辅小区组
SCMA	Sparse Code Mutiple Access	稀疏码多址接入
SCS	Subcarrier Spacing	子载波间隔
SDAP	Service Data Application Protocol	服务数据应用协议
SDL	Supplementary Downlink	补充下行链路
SDN	Software Defined Network	软件定义网络
SIC	Successive Interference Cancellation	串行干扰抵消
SINR	Signal to Interference plus Noise Ratio	信号与干扰和噪声比
SOC	System on Chip	系统级芯片
SPM	Standard Propergation Model	标准传播模型
SDS	Sounding Reference Signal	探测参考信号
SSB	Synchronization Signal and Physical Broadcast Channel Block	同步信号和 PBCH 块
SUL	Supplementary Uplink	补充上行链路
TAC	Tracking Area Code	跟踪区码
TAI	Tracking Area Identity	跟踪区标识
TAL	Tracking Area List	跟踪区列表
TDD	Time Division Duplexing	时分双工

（续表）

缩写	英文全称	中文
TDM	Time Division Multiplexing	时分复用
ToB	To Business	政企行业
ToC	To Customer	个人业务
TTI	Transmission Time Interval	传输时间间隔
UE	User Equipment	用户设备
uRLLC	ultra-Reliable and Low Latency Communication	高可靠和低时延通信
VR	Virtual Reality	虚拟现实
WDM	Wavelength Division Multiplexing	波分复用

参考文献

[1] 3GPP TS 38.104 V15.5.0（2019-03）NR；Base Station（BS）radio transmission and reception（Release 15）

[2] 3GPP TS 38.331 V15.5.1（2019-04）NR；Radio Resource Control（RRC）protocol specification（Release 15）

[3] 3GPP TS 38.306 V15.4.0（2018-12）NR；User Equipment（UE）radio access capabilities（Release 15）

[4] 国际电信联盟. ITU-R M.2083 IMT愿景：5G架构和总体目标，2015.9.

[5] 国际电信联盟. IMT-2020技术性能指针，2017.2.

[6] 中国电信集团公司. 中国电信5G技术白皮书（2018年），2018.6.

[7] 中国电信集团公司. 中国电信CTNet2025网络架构白皮书（2016年），2016.7.

[8] 中国电信集团公司. 中国电信人工智能发展白皮书（2019年)[Z]. 2019.6.

[9] 中国信息通信研究院. 中国数字经济发展与就业白皮书（2019年）[Z]. 2019.04.

[10] 中国信息通信研究院. G20国家数字经济发展研究报告（2018年）[Z]. 2018.12.

5G 网络规划指导意见

目录
CONTENTS

网络覆盖评估方法

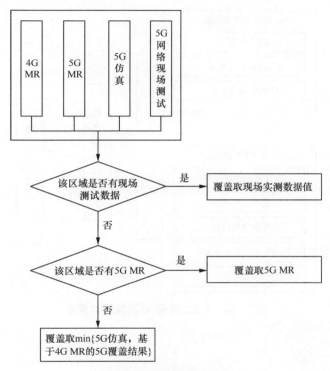

图1 网络覆盖评估方法

基于 4G 大数据 5G 覆盖预测算法

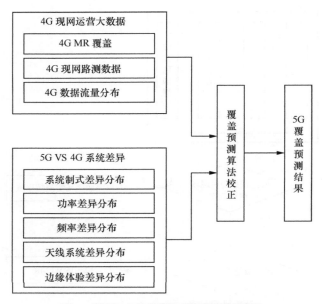

图2 基于4G大数据5G覆盖预测算法

室外弱区聚合方法

图3 室外弱区聚合方法

室内弱区聚合方法

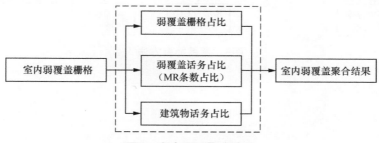

图4 室内弱区聚合方法

覆盖补盲方法

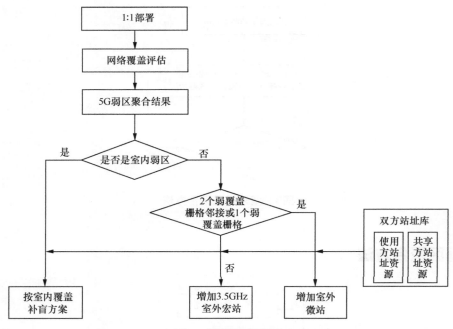

图5 覆盖补盲方法

室外单站速率感知门限（空载）

表1　室外单站速率感知门限（空载）

	判断门限 CSI–RSRP	SA		NSA	
		下行	上行	下行	上行
单用户理论峰值		1.4Gbit/s	294Mbit/s	1.4Gbit/s	147Mbit/s
单用户峰值		≥1.12Gbit/s	≥235Mbit/s	≥950Mbit/s（不支持天线选择终端）≥1.12Gbit/s（支持天线选择终端）	≥118Mbit/s
近点	−80dBm~−75dBm	≥700Mbit/s	≥160Mbit/s	≥700Mbit/s	≥80Mbit/s
中点	−90dBm~−85dBm	≥300Mbit/s	≥80Mbit/s	≥300Mbit/s	≥50Mbit/s
远点	−100dBm~−95dBm	≥150Mbit/s	≥20Mbit/s	≥150Mbit/s	≥17.5Mbit/s

室外单站速率感知门限（加载 50%）

表2　室外单站速率感知门限（加载50%）

	判断门限 CSI–RSRP	SA		NSA	
		下行	上行	下行	上行
单用户理论峰值		1.4Gbit/s	294Mbit/s	1.4Gbit/s	147Mbit/s
单用户峰值		≥900Mbit/s	≥212Mbit/s	≥760Mbit/s（不支持天线选择终端）≥900Mbit/s（支持天线选择终端）	≥106Mbit/s
近点	−80dBm~−75dBm	≥560Mbit/s	≥144Mbit/s	≥560Mbit/s	≥72Mbit/s
中点	−90dBm~−85dBm	≥210Mbit/s	≥64Mbit/s	≥210Mbit/s	≥40Mbit/s
远点	−100dBm~−95dBm	≥105Mbit/s	≥16Mbit/s	≥105Mbit/s	≥14Mbit/s

室外单站时延感知门限

表3　室外单站时延感知门限

时延（端到端）	SA	NSA
控制面时延	时延＜20ms	
用户面时延（ping 32 字节）	时延＜30ms，	时延＜30ms， 成功率≥95%
用户面时延（ping 1400 字节）	时延＜35ms， 成功率≥95%	时延＜35ms， 成功率≥95%

室外组网感知门限

表4　室外组网感知门限

感知指标名称	指标取值（SA）	指标取值（NSA）
用户连接建立成功率	≥95%	≥95%
SCG 添加成功率		≥98%
SCG 占用时长比		≥90%
SCG 切换成功率	≥95%	≥95%
SCG 掉线率	≤4%	≤4%
MCG 掉线率		≤2%
切换时延（带 SCG 切换）	切换控制面平均时延＜100ms 切换业务面平均时延＜50ms	切换控制面平均时延＜116ms 切换业务面平均时延＜101ms

感知指标名称	指标取值（SA）	指标取值（NSA）
小区平均吞吐量	上行≥75Mbit/s	上行≥45Mbit/s
	下行≥575Mbit/s	下行≥575Mbit/s
用户吞吐量优良比	上行吞吐量≥25Mbit/s 的优良比≥70%	上行吞吐量≥16Mbit/s 的优良比≥70%
	下行吞吐量≥200Mbit/s 的优良比≥70%	下行吞吐量≥200Mbit/s 的优良比≥70%
边缘速率	上行≥5Mbit/s（城区 DT） 上行≥1Mbit/s（城区 DT）	上行≥1Mbit/s（城区室内浅层）
	下行≥100Mbit/s（城区 DT） 下行≥20Mbit/s（城区 DT）	下行≥20Mbit/s（城区室内浅层）

室内 DT 指标

表5　室内DT指标

指标项	SA	NSA
下行速率优良比（≥600Mbit/s）	≥70%	≥70%
上行速率优良比（≥30Mbit/s）		≥70%
上行速率优良比（≥60Mbit/s）	≥70%	
室内信源间切换成功率	≥99%	≥99%
室内外信源间切换成功率	≥99%	≥99%

共建共享网络规划流程

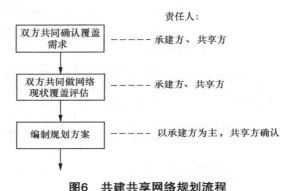

图6　共建共享网络规划流程

无线目标网规划流程

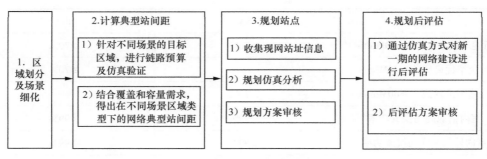

图7　无线目标网规划流程

规划方案审核流程

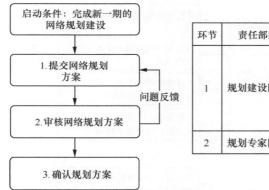

环节	责任部门	下一环节交付物
1	规划建设团队	Atoll工程文件（包括工程参数、天线文件、业务模型、仿真结果等全套仿真文件）和规划方案报告
2	规划专家团队	初步规划方案审核结果

图8　规划方案审核流程

规划后评估方案审核流程

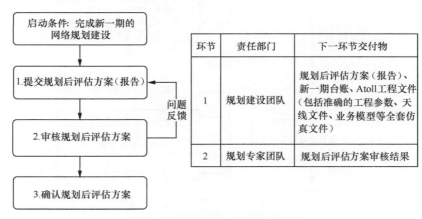

环节	责任部门	下一环节交付物
1	规划建设团队	规划后评估方案（报告）、新一期台账、Atoll工程文件（包括准确的工程参数、天线文件、业务模型等全套仿真文件）
2	规划专家团队	规划后评估方案审核结果

图9　规划后评估方案审核流程

ToB 规划流程

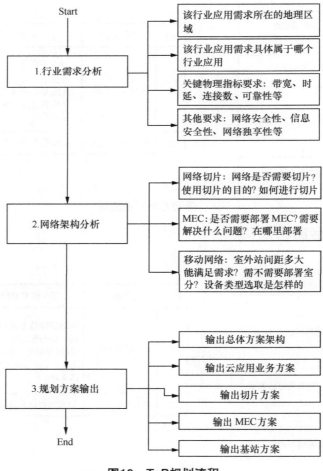

图10 ToB规划流程

仿真操作流程

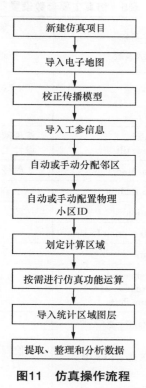

图11 仿真操作流程

仿真主要参数设置

表6　仿真主要参数设置

参数类别	项目	设定值	备注
Coordinate Systems	投影系统和显示系统	按地图设置	
Transmitters 扇区表参数	Transmitter Type	默认设置	Intra−network（Server and Interferer）
	Antenna		采样 3D Beamforming
	Height、Azimuth、Mechanical Downtilt	按现网工程参数或设计工程参数设置	其准确性直接影响仿真结果
	Main Propagation Model	射线追踪模型	
	Main Calculation Radius	2000~4000m	
	Main Resolution	与地图的精度保持一致	
	Transmission Losses、Reception Losses		
	Noise Figure	5dB	
	Number of Transmission Antenna Ports、Number of Reception Antenna Ports	2T2R	64T64R，32 个 port 组成 Beamforming，双极化，因此相当于 2T2R
Cells 表参数	Frequency Band	N78	
	Physical Cell ID、PSS ID、SSS ID	使用 AFP 模块自动分配 PCI	
	Max Power、RS EPRE per Antenna Port	47dBm，17.8dBm	选择 Calculated with Boost
	SS EPRE Offset / RS、PBCH EPRE Offset / RS、PDCCH EPRE Offset / RS、PDSCH EPRE Offset / RS	PDSCH EPRE Offset −3dB	其他默认 0
	Min RSRP	−140dB~−120dB	

参数类别	项目	设定值	备注
Cells 表参数	Reception Equipment	默认设置	
	Scheduler	默认设置	
	Diversity Support（DL）、Diversity Support（UL）	默认设置	
	MU-MIMO Capacity Gain	默认设置	
	Traffic Load（DL）、Traffic Load（UL）	建议设置 50% 负载	
	UL Noise Rise	3dB	
	Number of Users（DL）、Number of Users（UL）	如设置 1	
	Max Traffic Load（DL）、Max Traffic Load（UL）	100	
	Beamforming Model	设置相应的 3D Beamforming Model	
Clutter Class 属性参数	Model Standard Deviation	默认设置	6dB ～ 11dB
	C/I Standard Deviation（DL）	默认设置	
Terminal 属性参数	Noise Figure	默认设置	8dB
	UE Category	5 类终端	
	MIMO	SA：2T4R；NSA：1T2R	

SSB 波束规划流程

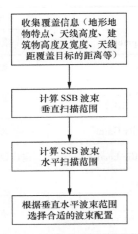

图12 SSB波束规划流程

Massive MIMO 基站权值自适应操作流程

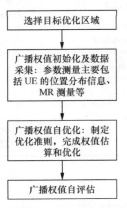

图13 Massive MIMO基站权值自适应操作流程

2.1GHz NR 部署流程指引

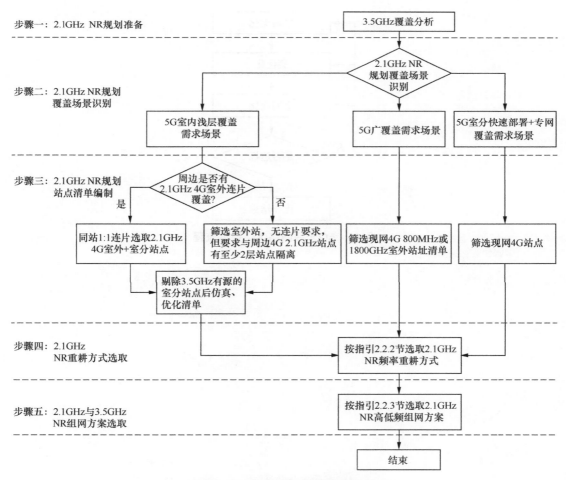

步骤一： 2.1GHz NR规划准备

3.5GHz覆盖分析

步骤二： 2.1GHz NR规划
覆盖场景识别

2.1GHz NR
规划覆盖场景
识别

5G室内浅层覆盖
需求场景

5G广覆盖需求场景

5G室分快速部署+专网
覆盖需求场景

步骤三： 2.1GHz NR规划
站点清单编制

周边是否有
2.1GHz 4G室外连片
覆盖?

是 否

同站1:1连片选取2.1GHz
4G室外+室分站点

筛选室外站，无连片要求，
但要求与周边4G 2.1GHz站点
有至少2层站点隔离

筛选现网4G 800MHz或
1800GHz室外站址清单

筛选现网4G站点

剔除3.5GHz有源的
室分站点后仿真、
优化清单

步骤四： 2.1GHz
NR重耕方式选取

按指引2.2.2节选取2.1GHz
NR频率重耕方式

步骤五： 2.1GHz与3.5GHz
NR组网方案选取

按指引2.2.3节选取2.1GHz
NR高低频组网方案

结束

图14 2.1GHz NR 部署流程指引

5G 无线网络优化整体流程

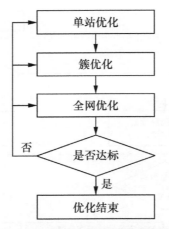

图15 5G无线网络优化整体流程

簇优化整体流程

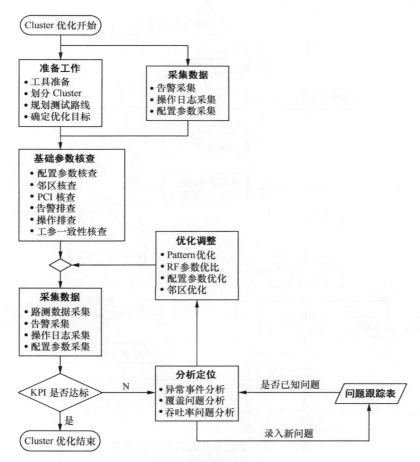

图16 簇优化整体流程

路测吞吐率问题定界定位流程

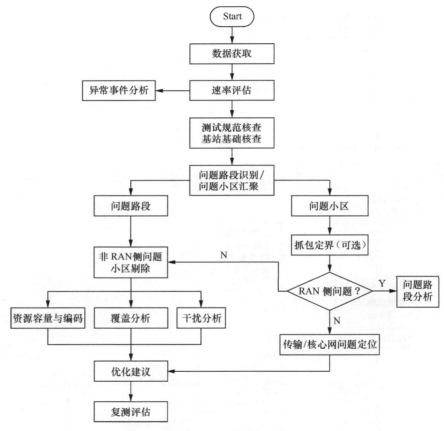

图17 路测吞吐率问题定界定位流程

室内 4G/5G 协同部署指引流程

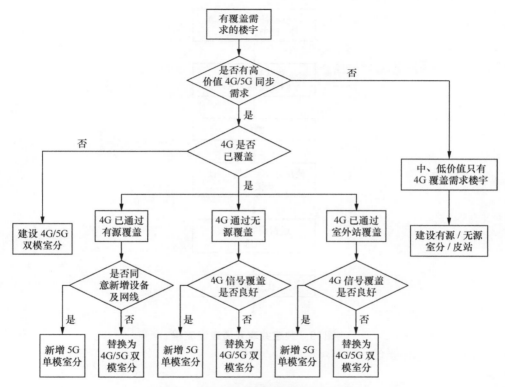

图18 室内4/5G协同部署指引流程

共建共享开通建设流程

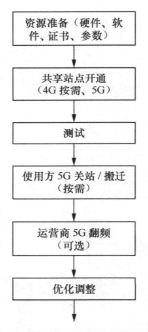

图19　共建共享开通建设流程

双锚点方案站点级开通流程

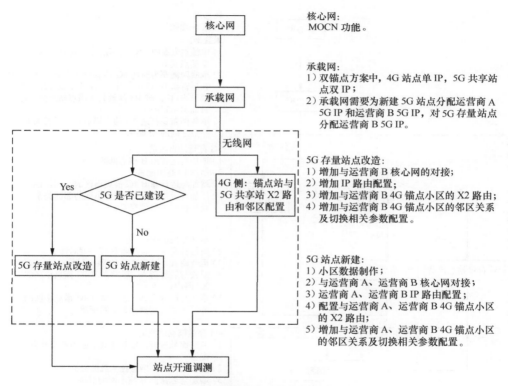

核心网:
MOCN 功能。

承载网:
1) 双锚点方案中,4G 站点单 IP,5G 共享站点双 IP;
2) 承载网需要为新建 5G 站点分配运营商 A 5G IP 和运营商 B 5G IP,对 5G 存量站点分配运营商 B 5G IP。

5G 存量站点改造:
1) 增加与运营商 B 核心网的对接;
2) 增加 IP 路由配置;
3) 增加与运营商 B 4G 锚点小区的 X2 路由;
4) 增加与运营商 B 4G 锚点小区的邻区关系及切换相关参数配置。

5G 站点新建:
1) 小区数据制作;
2) 与运营商 A、运营商 B 核心网对接;
3) 运营商 A、运营商 B IP 路由配置;
4) 配置与运营商 A、运营商 B 4G 锚点小区的 X2 路由;
5) 增加与运营商 A、运营商 B 4G 锚点小区的邻区关系及切换相关参数配置。

图20 双锚点方案站点级开通流程

单锚点独立载波方案站点级开通流程

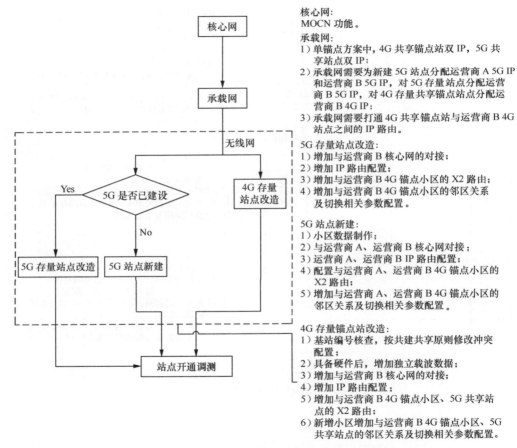

核心网:
MOCN 功能。

承载网:
1)单锚点方案中,4G 共享锚点站双 IP,5G 共享站点双 IP;
2)承载网需要为新建 5G 站点分配运营商 A 5G IP 和运营商 B 5G IP,对 5G 存量站点分配运营商 B 5G IP,对 4G 存量共享锚点站点分配运营商 B 4G IP;
3)承载网需要打通 4G 共享锚点站与运营商 B 4G 站点之间的 IP 路由。

5G 存量站点改造:
1)增加与运营商 B 核心网的对接;
2)增加 IP 路由配置;
3)增加与运营商 B 4G 锚点小区的 X2 路由;
4)增加与运营商 B 4G 锚点小区的邻区关系及切换相关参数配置。

5G 站点新建:
1)小区数据制作;
2)与运营商 A、运营商 B 核心网对接;
3)运营商 A、运营商 B IP 路由配置;
4)配置与运营商 A、运营商 B 4G 锚点小区的 X2 路由;
5)增加与运营商 A、运营商 B 4G 锚点小区的邻区关系及切换相关参数配置。

4G 存量锚点站改造:
1)基站编号核查,按共建共享原则修改冲突配置;
2)具备硬件后,增加独立载波数据;
3)增加与运营商 B 核心网的对接;
4)增加 IP 路由配置;
5)增加与运营商 B 4G 锚点小区、5G 共享站点的 X2 路由;
6)新增小区增加与运营商 B 4G 锚点小区、5G 共享站点的邻区关系及切换相关参数配置。

图21 单锚点独立载波方案站点级开通流程

单锚点共享载波方案站点级开通流程

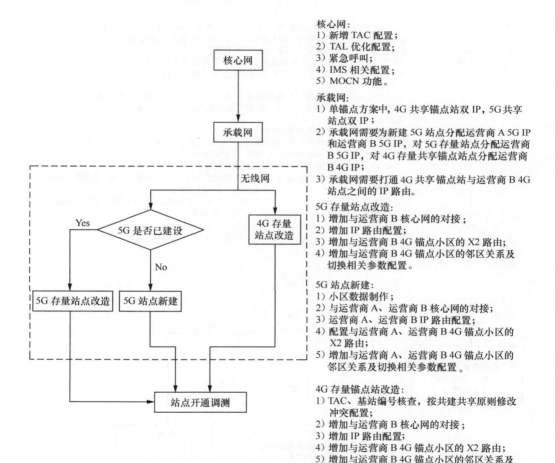

核心网：
1）新增 TAC 配置；
2）TAL 优化配置；
3）紧急呼叫；
4）IMS 相关配置；
5）MOCN 功能。

承载网：
1）单锚点方案中，4G 共享锚点站双 IP，5G 共享站点双 IP；
2）承载网需要为新建 5G 站点分配运营商 A 5G IP 和运营商 B 5G IP，对 5G 存量站点分配运营商 B 5G IP，对 4G 存量共享锚点站点分配运营商 B 4G IP；
3）承载网需要打通 4G 共享锚点站与运营商 B 4G 站点之间的 IP 路由。

5G 存量站点改造：
1）增加与运营商 B 核心网的对接；
2）增加 IP 路由配置；
3）增加与运营商 B 4G 锚点小区的 X2 路由；
4）增加与运营商 B 4G 锚点小区的邻区关系及切换相关参数配置。

5G 站点新建：
1）小区数据制作；
2）与运营商 A、运营商 B 核心网的对接；
3）运营商 A、运营商 B IP 路由配置；
4）配置与运营商 A、运营商 B 4G 锚点小区的 X2 路由；
5）增加与运营商 A、运营商 B 4G 锚点小区的邻区关系及切换相关参数配置。

4G 存量锚点站改造：
1）TAC、基站编号核查，按共建共享原则修改冲突配置；
2）增加与运营商 B 核心网的对接；
3）增加 IP 路由配置；
4）增加与运营商 B 4G 锚点小区的 X2 路由；
5）增加与运营商 B 4G 锚点小区的邻区关系及切换相关参数配置。

图22　单锚点共享载波方案站点级开通流程

SA 共建共享站点级开通流程

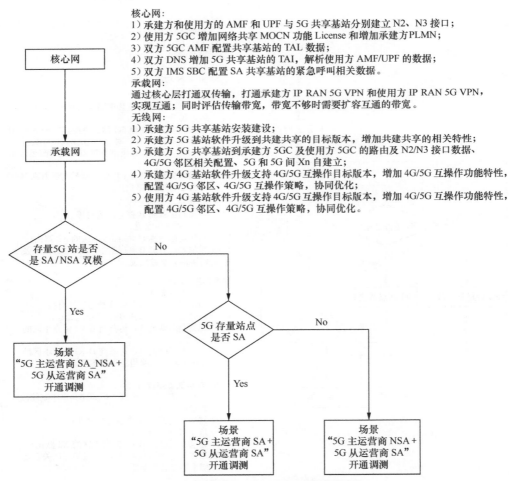

核心网：
1）承建方和使用方的 AMF 和 UPF 与 5G 共享基站分别建立 N2、N3 接口；
2）使用方 5GC 增加网络共享 MOCN 功能 License 和增加承建方 PLMN；
3）双方 5GC AMF 配置共享基站的 TAL 数据；
4）双方 DNS 增加 5G 共享基站的 TAI，解析使用方 AMF/UPF 的数据；
5）双方 IMS SBC 配置 SA 共享基站的紧急呼叫相关数据。
承载网：
通过核心层打通双传输，打通承建方 IP RAN 5G VPN 和使用方 IP RAN 5G VPN，
实现互通；同时评估传输带宽，带宽不够时需要扩容互通的带宽。
无线网：
1）承建方 5G 共享基站安装建设；
2）承建方 5G 基站软件升级到共建共享的目标版本，增加共建共享的相关特性；
3）承建方 5G 共享基站到承建方 5GC 及使用方 5GC 的路由及 N2/N3 接口数据、
   4G/5G 邻区相关配置、5G 和 5G 间 Xn 自建立；
4）承建方 4G 基站软件升级支持 4G/5G 互操作目标版本，增加 4G/5G 互操作功能特性，
   配置 4G/5G 邻区、4G/5G 互操作策略，协同优化。
5）使用方 4G 基站软件升级支持 4G/5G 互操作目标版本，增加 4G/5G 互操作功能特性，
   配置 4G/5G 邻区、4G/5G 互操作策略，协同优化。

图23　SA共建共享站点级开通流程

基于手动配置的 5G 节能流程

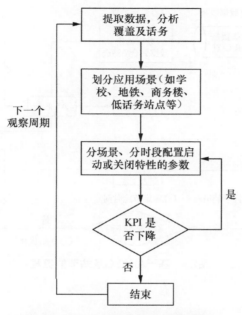

图24 基于手动配置的5G节能流程

基于 AI 的 5G 基站节能流程

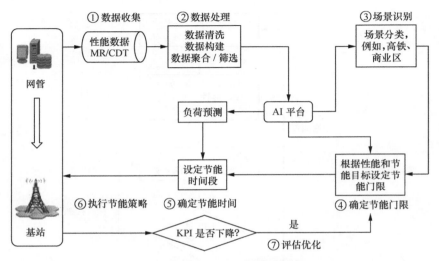

图25　基于AI的5G基站节能流程

规划阶段网络性能监控流程

图26 规划阶段网络性能监控流程

站点部署流程

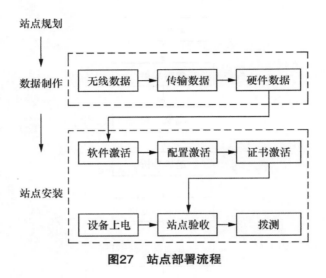

图27　站点部署流程

网络性能优化提升流程

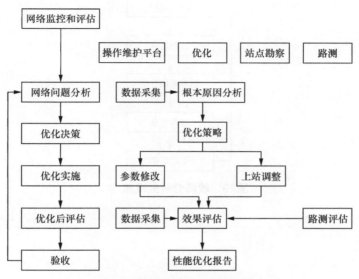

图28 网络性能优化提升流程

故障分析处理流程

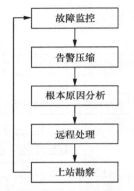

图29　故障分析处理流程